Procreate

超Q萌插畫技法

人物、動植物
主題小物
一次滿足

飛樂鳥・著

Procreate 超 Q 萌插畫技法：人物、動植物、主題小物一次滿足

作　　者：飛樂鳥
譯　　者：張雅芳
企劃編輯：江佳慧
文字編輯：江雅鈴
設計裝幀：張寶莉
發 行 人：廖文良

發 行 所：碁峰資訊股份有限公司
地　　址：台北市南港區三重路 66 號 7 樓之 6
電　　話：(02)2788-2408
傳　　真：(02)8192-4433
網　　站：www.gotop.com.tw
書　　號：ACU086700
版　　次：2025 年 01 月初版
建議售價：NT$420

國家圖書館出版品預行編目資料

Procreate 超 Q 萌插畫技法：人物、動植物、主題小物一次滿足 / 飛樂鳥原著；張雅芳譯. -- 初版. -- 臺北市：碁峰資訊, 2025.01
面；　公分
ISBN 978-626-324-974-5(平裝)
1.CST：電腦繪圖　2.CST：繪畫技法
312.86　　113018505

前言

電子設備的運用使繪畫越來越簡便，幾乎不再受各種工具、場合的限制，即可讓繪畫過程變得簡單。只需一部 iPad、一支觸控筆，利用 Procreate 軟體，無論身在何處都可以隨心所欲地沉浸在繪畫的世界中。Procreate 是目前使用率最普遍的繪畫軟體之一，相較其他專業繪畫軟體，其功能更全面、操作更簡單。

本書以 Procreate 軟體為基礎，以「用 iPad 把一切畫得可愛」為出發點，從基礎操作和繪畫知識開始講解，詳細說明「Q 萌」風格的繪畫方法，包含人物、動物、植物、食物、日用品等，以及如何畫出一幅完整的作品和製作小動畫。最後以接稿為目標，「從 0 到 1」詳細說明接稿流程和如何轉化為收入的方法，達到學以致用的效果。

本書非常適合作為 Procreate 軟體新手和繪畫新手的入門教材。透過學習本書內容，繪畫愛好者可以擺脫傳統繪畫的專業要求，更加輕鬆地畫出「萌」感十足的作品，激發繪畫愛好者的繪畫興趣。

- 線上下載 Q 萌筆刷檔 http://books.gotop.com.tw/download/ACU086700
- 範例繪製影片（手機掃瞄 QR Code 立即看）

CH3 展示圖	CH4 展示圖	
CH6 森林女孩	CH6 潮酷小子	CH6 可愛妹妹
CH7 小老虎	CH7 小狐狸	

使用說明

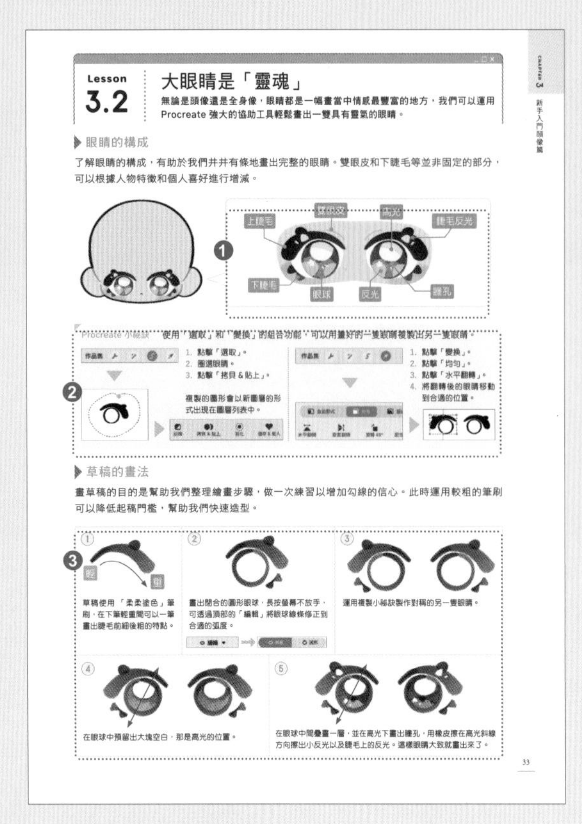

Lesson 3.2 大眼睛是「靈魂」

無論是頭像還是全身像，眼睛都是一幅畫當中情感最豐富的地方，我們可以運用 Procreate 強大的協助工具輕鬆畫出一雙具有靈氣的眼睛。

▶ 眼睛的構成

了解眼睛的構成，有助於我們井井有條地畫出完整的眼睛。雙眼皮和下睫毛等並非固定的部分，可以根據人物特徵和個人喜好進行增減。

Procreate 小祕訣　使用「選取」和「變換」的組合功能，可以用畫好的一隻眼睛複製出另一隻眼睛。

1. 點擊「選取」。
2. 圈選眼睛。
3. 點擊「拷貝 & 貼上」。

複製的圖形會以新圖層的形式出現在圖層列表中。

1. 點擊「變換」。
2. 點擊「均勻」。
3. 點擊「水平翻轉」。
4. 將翻轉後的眼睛移動到合適的位置。

▶ 草稿的畫法

畫草稿的目的是幫助我們整理繪畫步驟，做一次練習以增加勾線的信心。此時運用較粗的筆刷可以降低起稿門檻，幫助我們快速造型。

① 草稿使用「柔柔塗色」筆刷，在下筆輕重間可以一筆畫出睫毛前細後粗的特點。

② 畫出閉合的圓形眼球，長按螢幕不放手，可透過頂部的「編輯」將眼球線條修正到合適的弧度。

③ 運用複製小祕訣製作對稱的另一隻眼睛。

④ 在眼球中預留出大塊空白，那是高光的位置。

⑤ 在眼球中間疊畫一層，並在高光下畫出瞳孔，用橡皮擦在高光斜線方向擦出小反光以及睫毛上的反光。這樣眼睛大致就畫出來了。

33

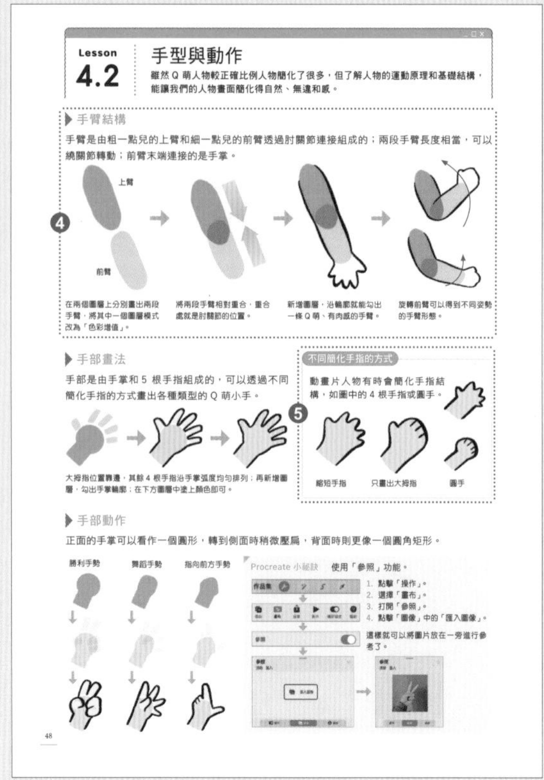

Lesson 4.2 手型與動作

雖然 Q 萌人物較正確比例人物簡化了很多，但了解人物的運動原理和基礎結構，能讓我們的人物畫面簡化得自然、無違和感。

▶ 手臂結構

手臂是由粗一點兒的上臂和細一點兒的前臂透過肘關節連接組成的；兩段手臂長度相當，可以繞關節轉動；前臂末端連接的是手掌。

在兩個圖層上分別畫出兩段手臂，將其中一個圖層模式改為「色彩增值」。

將兩段手臂相對重合，重合處就是肘關節的位置。

新增圖層，沿輪廓就能勾出一條 Q 萌、有肉感的手臂。

旋轉前臂可以得到不同姿勢的手臂形態。

▶ 手部畫法

手部是由手掌和 5 根手指組成的，可以透過不同簡化手指的方式畫出各種類型的 Q 萌小手。

大拇指位置靠邊，其餘 4 根手指沿手掌弧度均勻排列；再新增圖層，勾出手掌輪廓；在下方圖層中塗上顏色即可。

不同簡化手指的方式

動畫片人物有時會簡化手指結構，如圖中的 4 根手指或圓手。

縮短手指　只畫出大拇指　圓手

▶ 手部動作

正面的手掌可以看作一個圓形，轉到側面時稍微壓扁，背面時則更像一個圓角矩形。

Procreate 小祕訣　使用「參照」功能。

1. 點擊「操作」。
2. 選擇「畫布」。
3. 打開「參照」。
4. 點擊「圖像」中的「匯入圖像」。

這樣就可以將圖片放在一旁進行參考了。

48

- 繪畫元素細節標注

放大局部，標出所畫內容的細節名稱，使讀者可以清晰看到細節描繪，如細節上的高光、反光等。

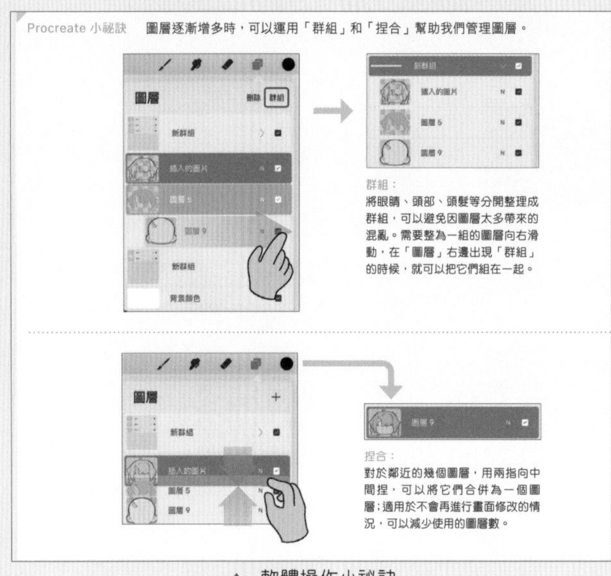

▲ 軟體操作小祕訣

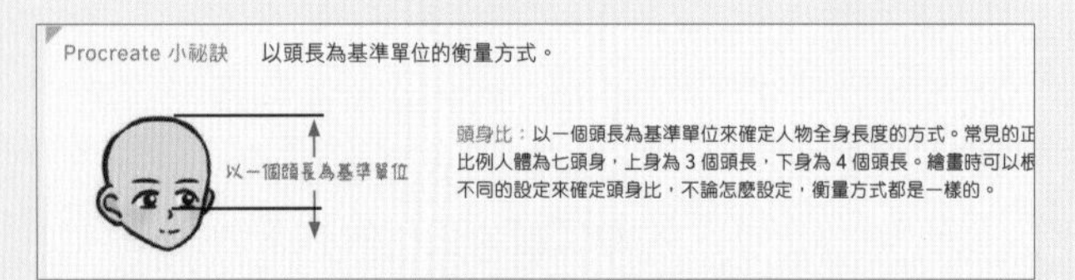

▲ 繪畫技巧小祕訣

- Procreate 小祕訣

補充說明內文提及的相關軟體的使用和繪畫技巧、訣竅等，幫助初學者找到操作中的盲點。

- 細分說明步驟

將比較難理解的內容分步驟講解，方便讀者理解作畫步驟及操作流程，使讀者可逐步學習、臨摹。

- 幾何圖形簡化學習

借助幾何圖形拆分來輔助讀者理解人體結構，將難度大的結構問題簡化，便於讀者學習。

- 延伸說明

相關繪畫內容的延伸、同類型元素不同形態的延伸，讓讀者能對所學到的內容舉一反三。

- 創作元素
  呈現各類 Q 萌素材，讓讀者可以臨摹等。

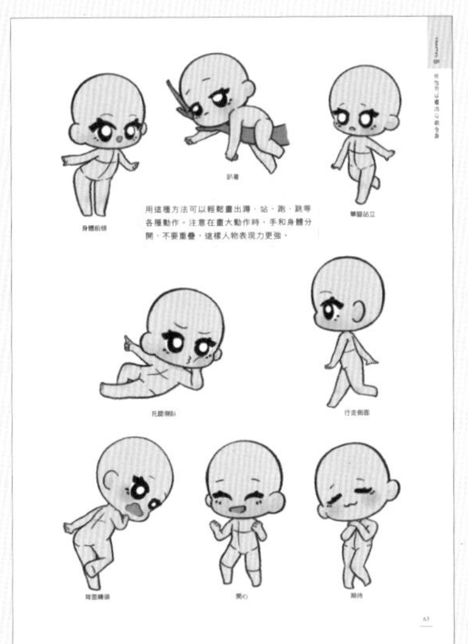

Q 萌人物動作形象參考，供讀者練習不同人物的動態姿勢，讀者可以自由發揮、添加衣物、髮飾等，為創作提供靈感。

- 展示頁
  呈現完整畫面的效果，供讀者臨摹參考。讀者可參照完成圖進行創作。

目錄 Contents

認識 Procreate 繪圖軟體

利用數位軟體可以輕鬆繪製精美的繪畫作品，
讓我們從廣泛使用、操作簡易的 Procreate 開始，
先來熟悉它的基礎操作知識吧！

Lesson 1.1

iPad 繪畫的優勢

本節將說明 iPad 繪畫與傳統繪畫的差異與特點，並提供多種型號的 iPad 和其他硬、軟體的比較供大家參考。

iPad 繪畫與傳統繪畫的差別

傳統繪畫又稱為架上繪畫，需要在具備許多繪畫工具的特定場合下才能進行；並且繪畫效果受限於材料，比如油畫、水彩畫、素描等需要使用不同的工具才能完成。

iPad 繪畫只需簡單的基礎設備——iPad、觸控筆和 Procreate 軟體即可，使用不同的筆刷和特殊效果處理便可實現各種繪畫效果。

我們認知中的傳統繪畫

作畫的場景總是浪漫有詩意，但實際上需要準備非常多的繪圖用具，因此通常都會在固定的畫室進行，若是外出寫生，則需要攜帶許多工具。

繪畫的方式不同，需要的材料也不一樣！

素描

素描紙、HB 等繪圖鉛筆、專用橡皮擦、可塑軟橡皮擦、畫板等。

粉蠟筆

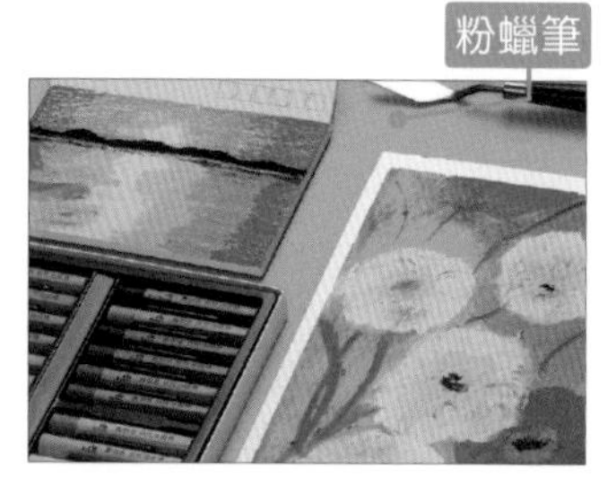

粉蠟筆、刮刀、畫紙等。

麥克筆

繪畫用紙、不同顏色和粗細的麥克筆等。

色鉛筆

繪畫用紙、不同顏色的色鉛筆、專用橡皮擦、可塑軟橡皮擦等。

水彩

水彩紙、水彩顏料、水彩筆刷、水、紙巾等。

淡彩

水彩顏料、畫本、鋼筆、色鉛筆等。

傳統繪畫特點

1. 傳統繪畫需要繁雜的工具材料，費用高、消耗快。
2. 傳統繪畫受場所限制，作畫準備和收拾整理費時、費力。
3. 傳統繪畫需要長期專業訓練，對繪畫功底要求較高。

iPad 繪畫是科技發展的趨勢

僅用一台 iPad、一支 Apple Pencil 在 Procreate 裡搭配不同筆刷，就能輕鬆畫出各種效果！

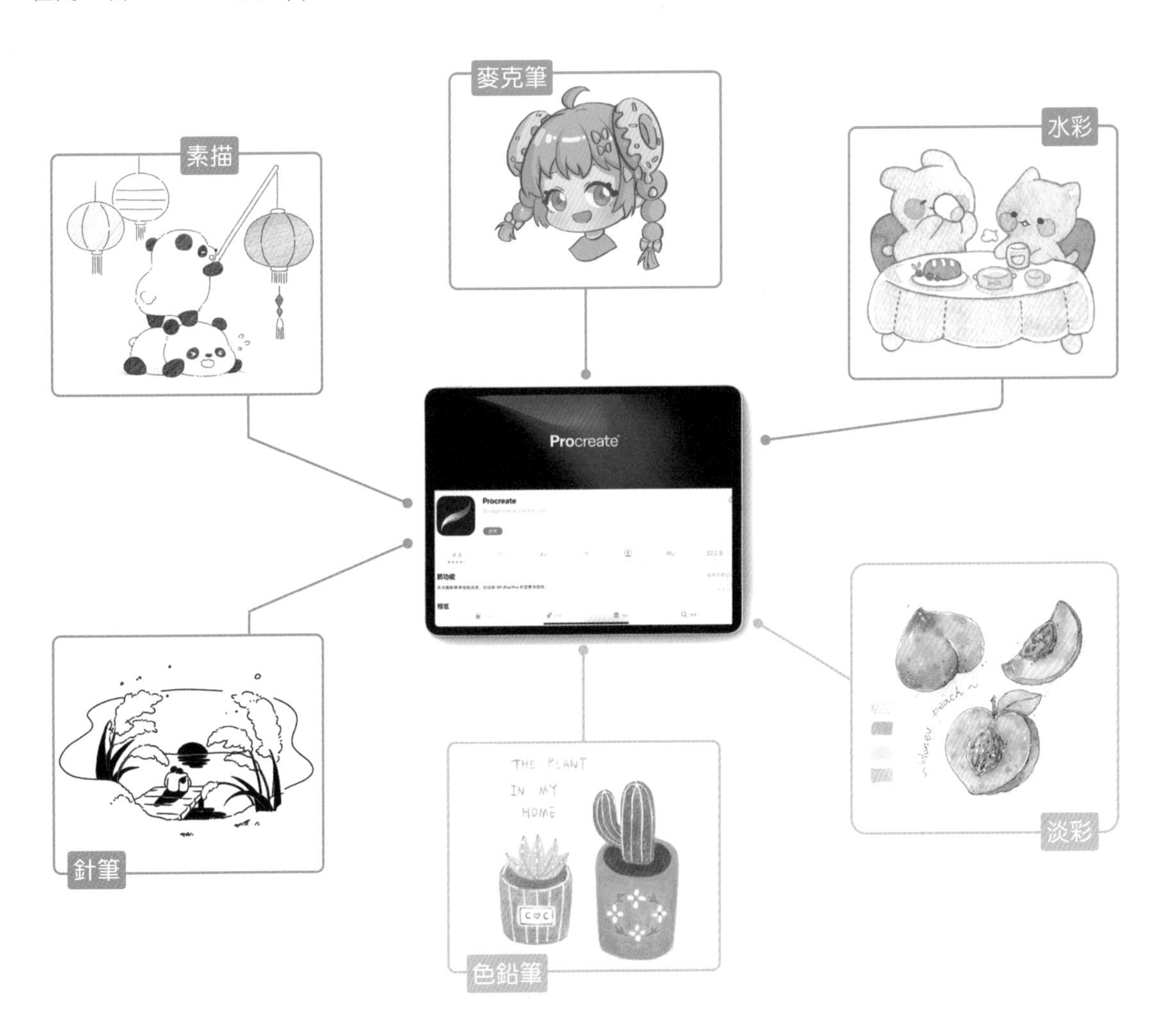

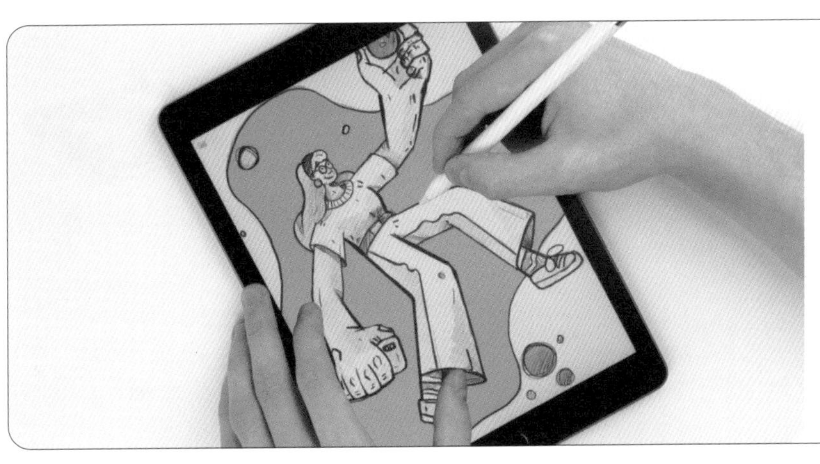

使用 iPad 能夠隨時隨地作畫，不限制作畫材料和地點。在家裡的沙發上或咖啡店等也都能隨心創作、記錄靈感。

iPad 繪畫特點

1. 一次性買斷，不需要持續購買畫材。
2. 「一台 iPad 就搞定」，能夠達到各種想要的繪畫效果。
3. 方便、高效、整潔乾淨。

iPad 硬體與軟體的選擇

iPad 型號眾多，價格差異較大，建議可以參考本節針對 iPad 和筆尖相關的配套設備介紹，選擇適合自己的設備。App Store 裡有許多繪畫軟體供大家依創作需求做選擇。

硬體

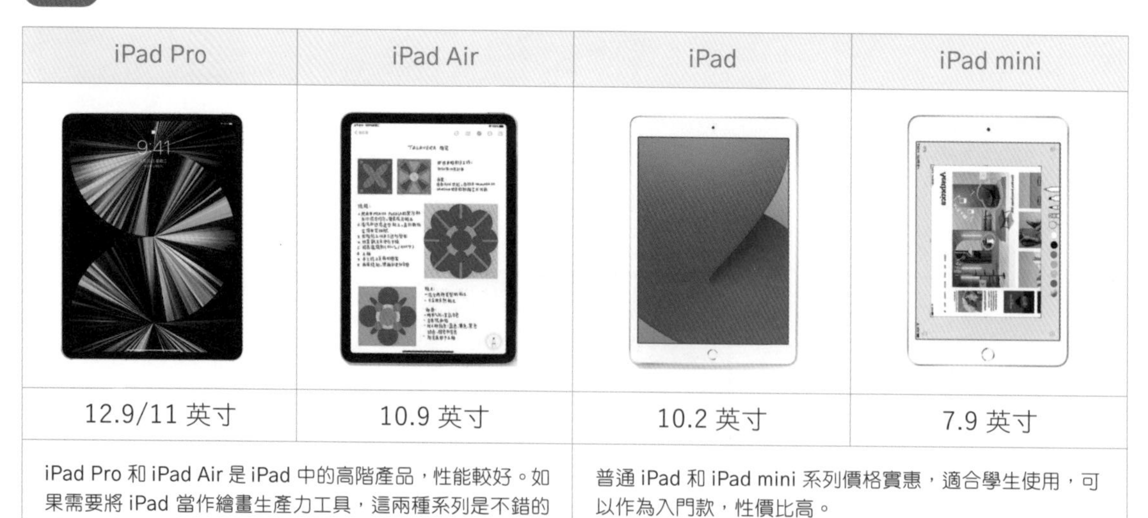

iPad Pro	iPad Air	iPad	iPad mini
12.9/11 英寸	10.9 英寸	10.2 英寸	7.9 英寸
iPad Pro 和 iPad Air 是 iPad 中的高階產品，性能較好。如果需要將 iPad 當作繪畫生產力工具，這兩種系列是不錯的選擇。		普通 iPad 和 iPad mini 系列價格實惠，適合學生使用，可以作為入門款，性價比高。	

原廠筆尖	金屬筆尖
原廠筆尖可以替換，在官網即可購買，但無粗細、大小區別。	金屬筆尖耐磨損，有適合書寫和繪畫兩種。

類紙膜	保護套
在類紙膜上作畫與在紙上作畫的手感非常接近，但在一定程度上會降低螢幕清晰度。市面上有一種可拆卸類紙膜，能以磁吸的方式貼合在 iPad 上。	保護套有保護 iPad 的作用，避免螢幕碰撞、擦傷。三折保護套可當作支架使用，功能性較強。

軟體

Procreate	Art Set	Sketchbook
Procreate 使用廣泛、操作簡便、介面整潔，能讓沒有板繪基礎的愛好者快速上手。	Art Set 可模擬水彩、蠟筆…等真實筆刷質感，貼近實際傳統繪畫效果。	Sketchbook 的操作面板與 Procreate 的相似，介面乾淨、簡潔。Sketchbook 有豐富的筆刷庫，但操作便利性稍顯不足。

Lesson 1.2

Procreate 介面介紹

使用 Procreate 繪畫首先要熟知它的操作介面和工具，其中的每個圖示都有不同的功能，熟練如何使用它們是繪畫的基礎。

主介面

主介面是指 Procreate 的圖庫介面，也就是開啟後的第一個畫面。在圖庫介面中可以看到在 Procreate 創作的作品，透過右上方的工具列可以選擇將作品分類、匯入檔案／照片或新增畫布。

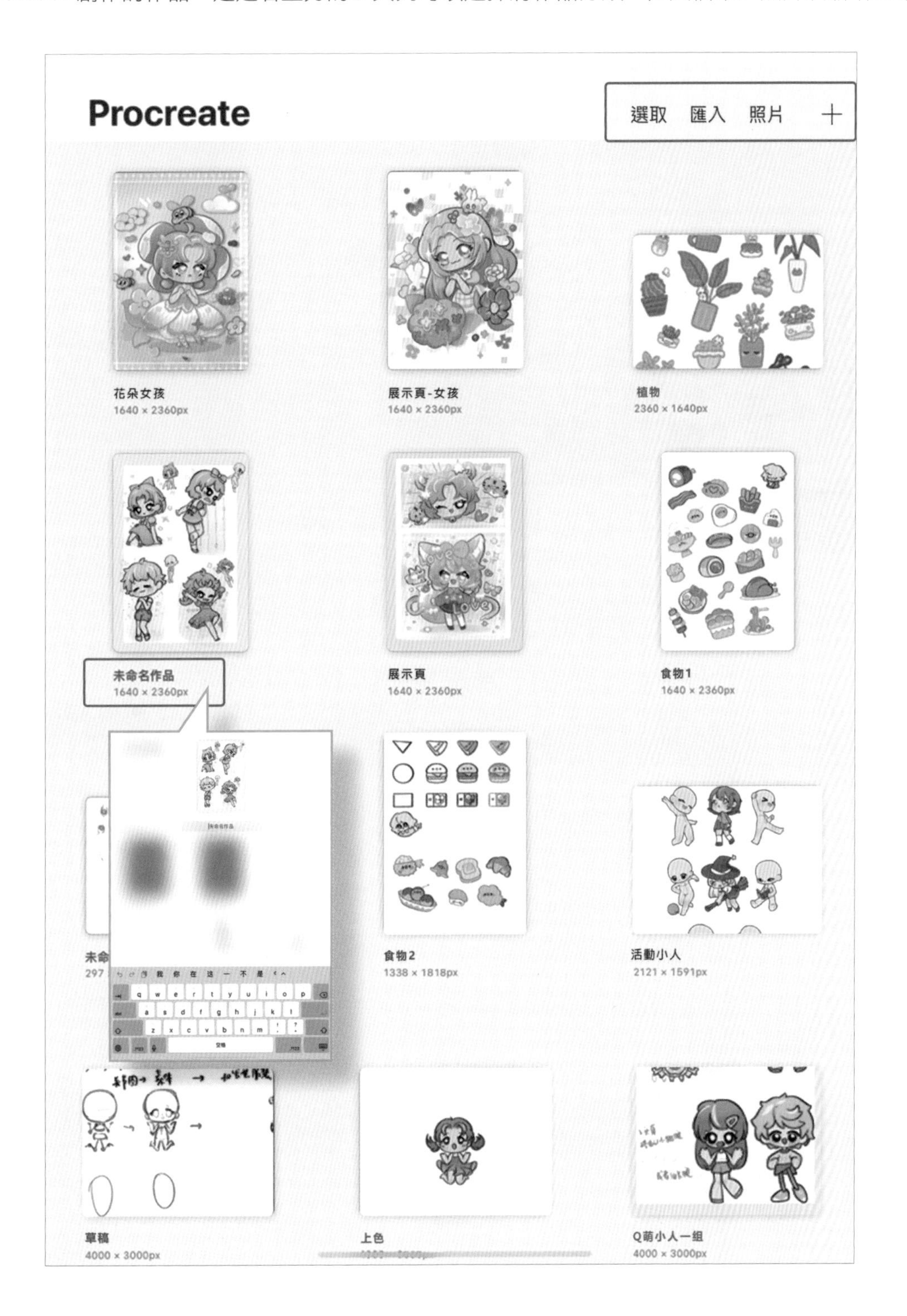

堆疊　預覽　分享　複製　刪除　✕

選取

點擊「選取」，可以點選需要的作品進行「堆疊」、「預覽」、「分享」、「複製」、「刪除」操作。

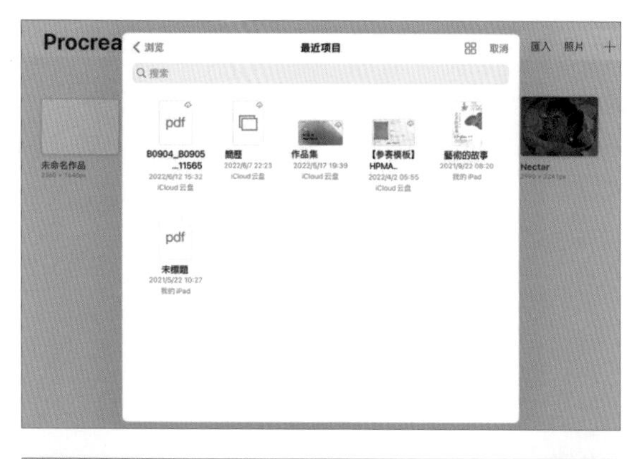

匯入

點擊「匯入」可新增檔案、新增繪畫。Procreate 相容性高，能匯入的格式較多。

照片

點擊「照片」可以將 iPad 內的圖片添加到新增繪畫中。

+

點擊右上角「+」即可新增畫布開始作畫。Procreate 提供多種尺寸的畫布供大家選擇，如果要自訂尺寸，點擊右側 ▬ 輸入數值即可。

Procreate 小祕訣　自訂畫布需要先了解解析度的概念。

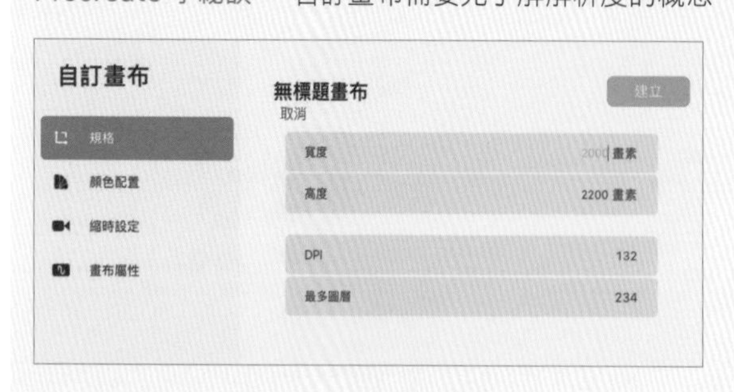

「px」為像素，表示所建畫布的大小和解析度，數值越大畫布尺寸越大，圖像就越清晰。

繪畫工具

繪畫工具功能表位於畫布介面右上方，有「筆刷」、「塗抹」、「橡皮擦」、「圖層」、「顏色」工具，是作畫時主要使用的功能。

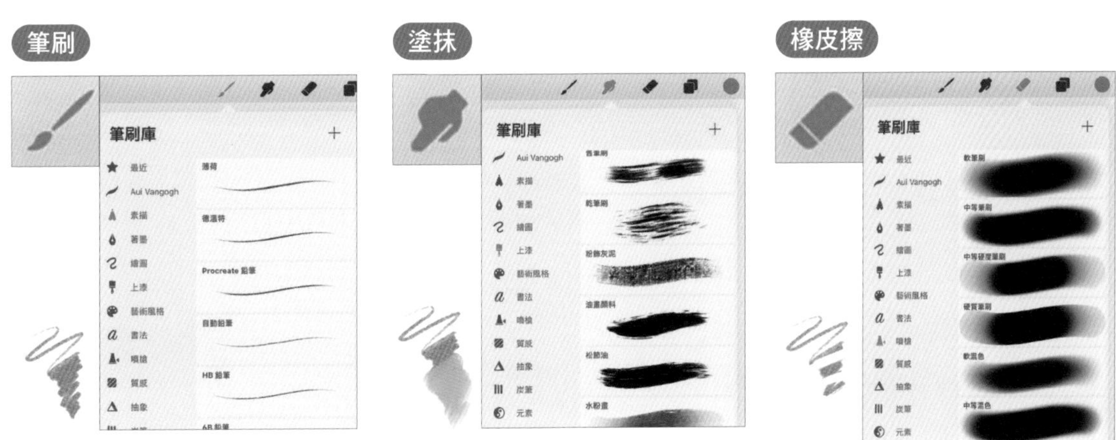

筆刷庫中有許多不同質感的筆刷，可以打造不同的效果，比如模擬素描、油畫、水彩畫等效果的筆刷。而「筆刷」、「塗抹」、「橡皮擦」都可以使用筆刷系統，用這些筆刷來塑造不同的畫面效果。

Procreate 小祕訣　本書常用筆刷。

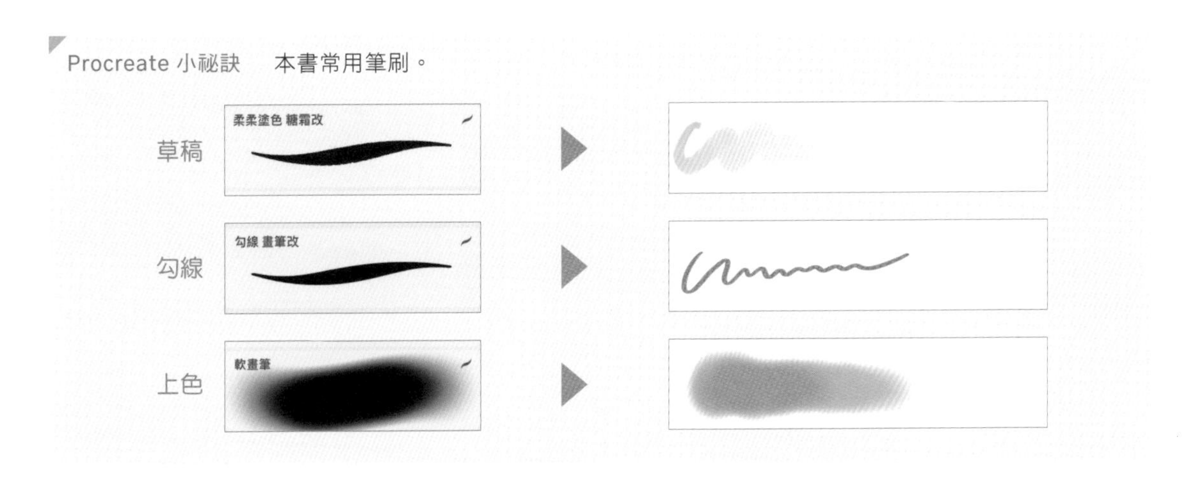

圖層

傳統繪畫中只需要一張紙，而圖層則是許多張「紙」，可以將不同的元素放在不同的圖層裡，圖層疊加不會對之前的畫面產生影響，按順序疊放在一起，組合起來即可形成最終效果。在日常作畫時要養成及時建立圖層的習慣。

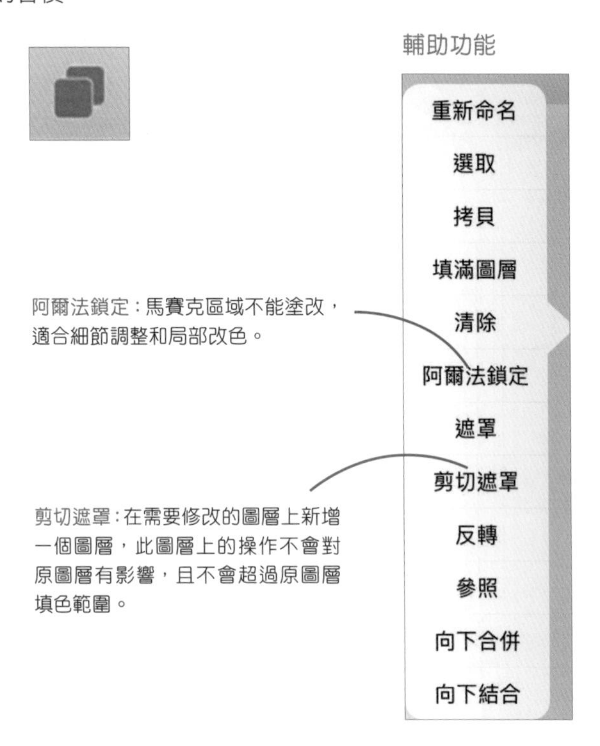

阿爾法鎖定：馬賽克區域不能塗改，適合細節調整和局部改色。

剪切遮罩：在需要修改的圖層上新增一個圖層，此圖層上的操作不會對原圖層有影響，且不會超過原圖層填色範圍。

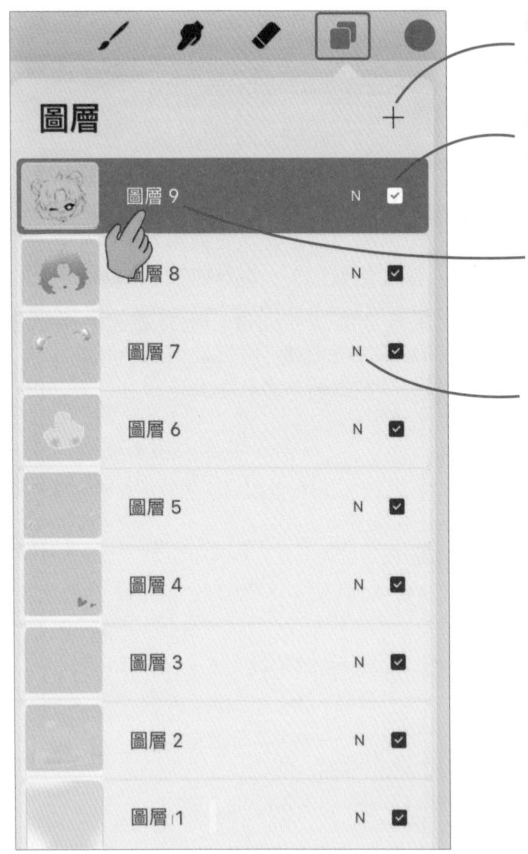

點擊「＋」新增圖層，可長按螢幕拖曳圖層位置。

點選「☑」可隱藏或顯示該圖層。

左滑圖層，可對該圖層進行鎖定、複製、刪除等操作；單個圖層逐一右滑可選擇多個圖層。

點開圖層「N」（正常模式），可調整圖層不透明度、變亮等。

顏色

這裡供大家選擇顏色，包括「色圈」、「經典」、「調和」、「參數」、「調色板」等多種調色模式。

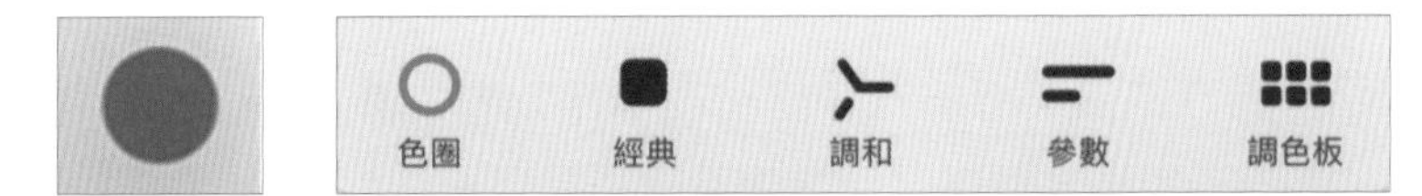

「經典」選色器是正方形的，可以透過上下左右滑動選擇顏色飽和度、明度。下方滑桿可以調整色相。

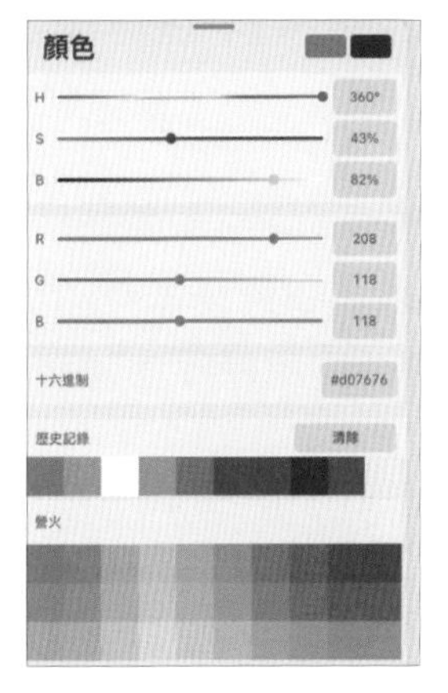

「參數」有 HSB、RGB、十六進制三個參數，可以很方便地看到所選顏色的標準參數。

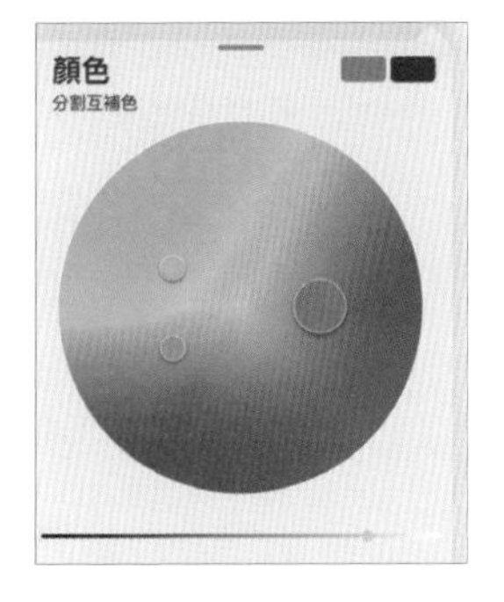

「調和」按照色彩理論，快速提供互補、類比、三等分、分割互補色、矩形五種配色模式。

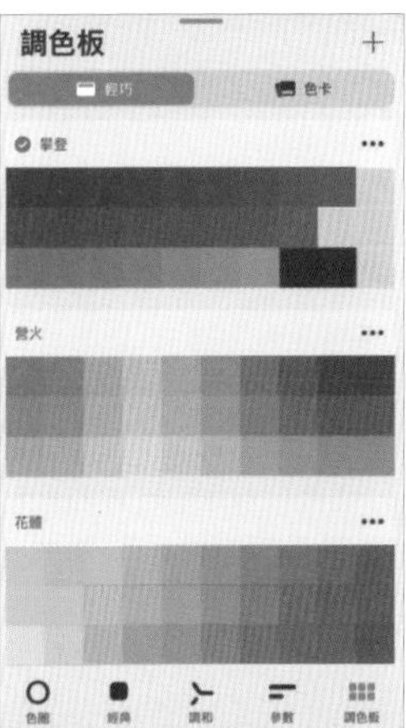

「調色板」會根據預設顏色自動調整好攀登、營火、花體等不同色相的顏色。

編輯工具

編輯工具位於畫布介面左上方，包括「操作」、「調整」、「選取」、「變換」，用於調整畫面元素，提高作畫效率。

操作

「操作」包含許多選項，這裡介紹一些常用選項，可插入照片、裁剪並調整畫布大小、匯出不同圖像格式等。

「添加」主要用於插入檔案和照片，「插入一個檔案」可匯入多種檔案格式；「插入一張照片」可將相簿中的照片放在畫面中。

「畫布」下可查看及修改畫布資訊，如裁切並調整畫布大小、翻轉畫布、打開「頁面輔助」匯入參考圖。

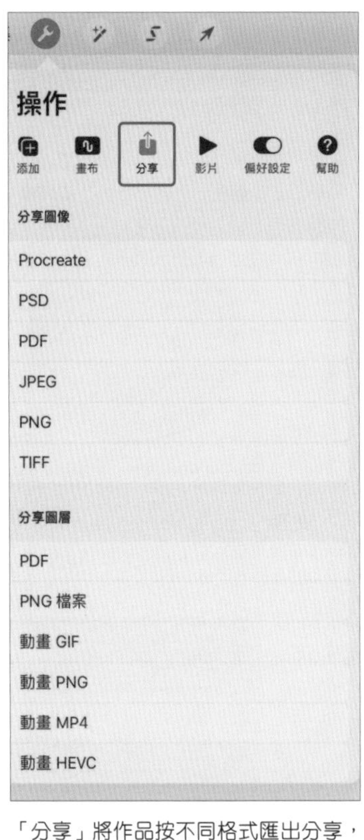

「分享」將作品按不同格式匯出分享，可選擇整體匯出分享或分層匯出分享，還可匯出影片和動畫。

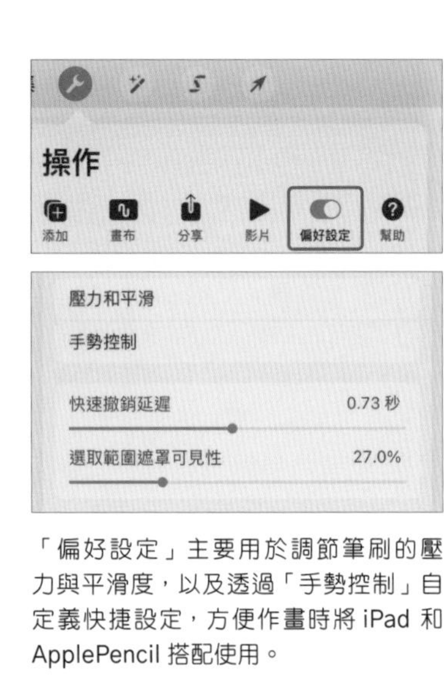

「偏好設定」主要用於調節筆刷的壓力與平滑度，以及透過「手勢控制」自定義快捷設定，方便作畫時將 iPad 和 ApplePencil 搭配使用。

「幫助」下可查看 Procreate 的官方使用手冊和一些基礎教學，在創作過程中若對軟體有疑問可在此找到解決辦法。

調整

「調整」主要用於修改畫面色相等，為畫面打造多種特殊效果。

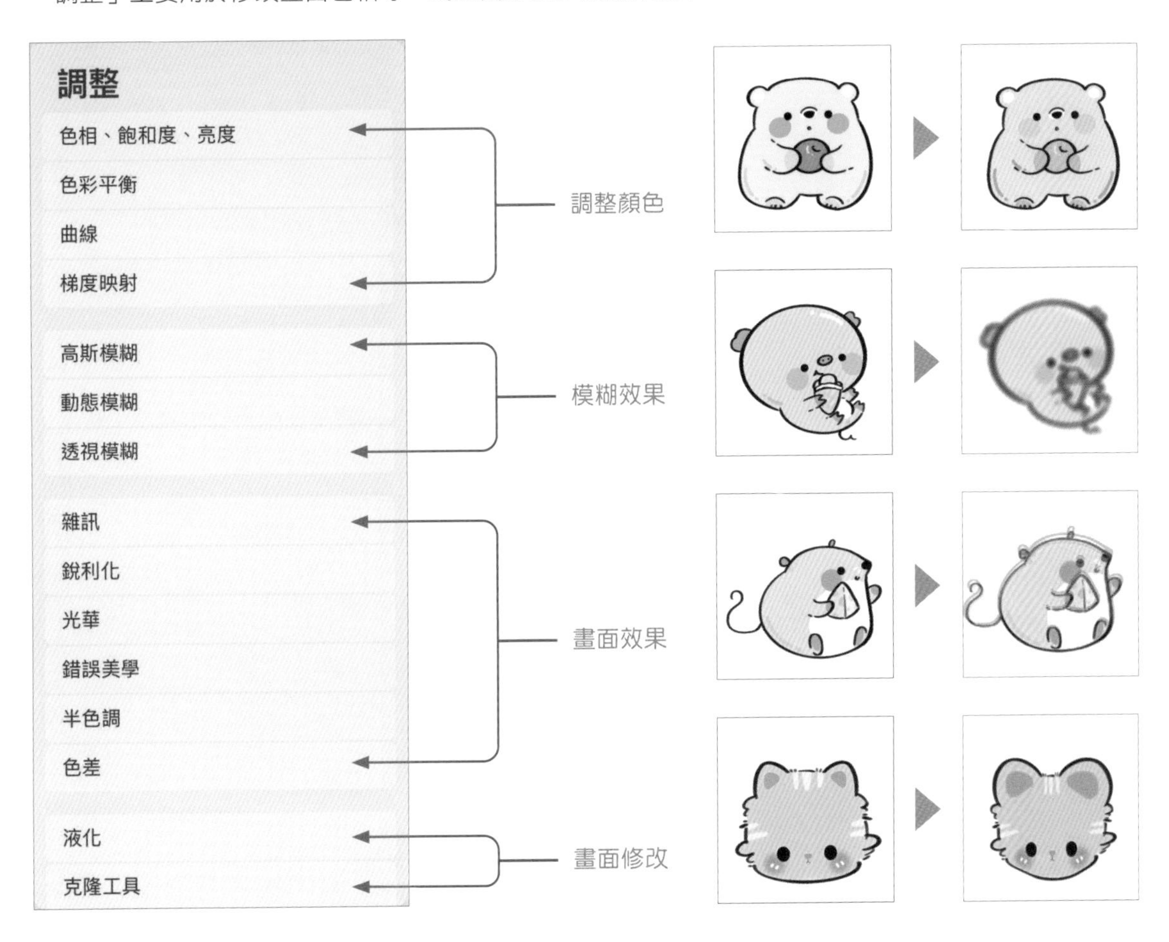

選擇

「選取」主要用於框選畫面元素。

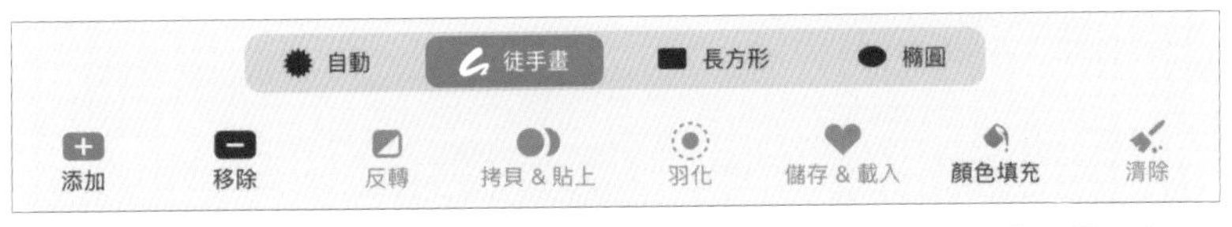

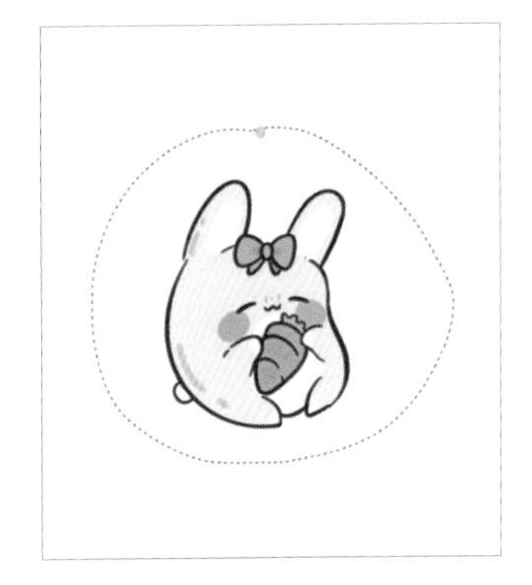

點擊「選取」，畫面下方出現「選取」長條，選擇畫面元素。「添加」和「移除」可加選或減選元素；「反轉」可將已選擇和未選擇的元素調換；「拷貝 & 貼上」和「羽化」能與「變換」搭配使用。

變換

「變換」主要用於針對框選出的畫面元素進行修改、移動等操作。

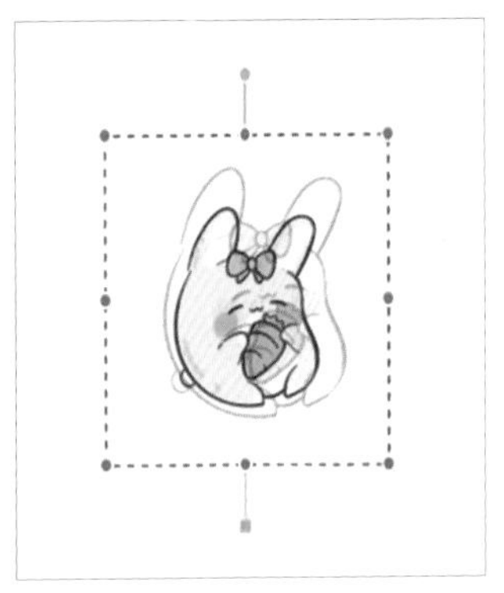

點擊「變換」可對選取的元素進行放大、縮小、移動等操作。如需放大畫面中某一元素，點擊「選取」框選出元素所在區域，再點擊「變換」，所選區域自動變為虛線方框，這時就可以自由調整該元素。

便捷工具列

在實際繪畫時，反覆點擊工具列比較麻煩，可以透過設定便捷工具列的方法快速打開，做出方便個人使用的自訂設置。

用左手繪圖

筆刷大小和透明度調整的區域預設在介面左側，但也可透過設定將其移至右側，方便用左手繪畫的人使用。

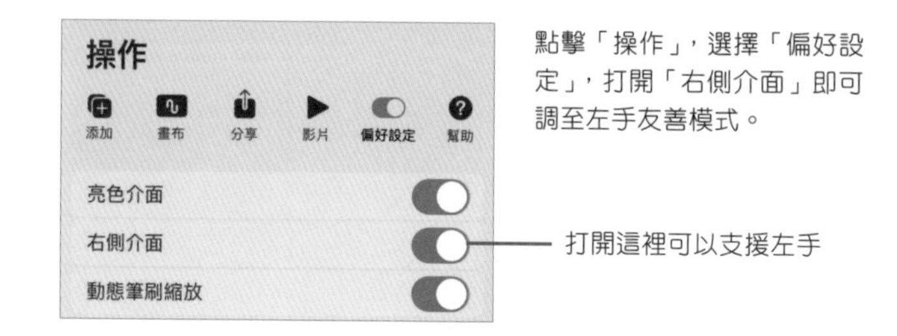

點擊「操作」，選擇「偏好設定」，打開「右側介面」即可調至左手友善模式。

打開這裡可以支援左手

速選功能表

搭配 Apple Pencil 一起使用，可自訂個人習慣的方式，例如用一根手指觸摸叫出速選功能表。速選功能表可方便大家作畫時進行快速調整，而不必從工具列中一一選擇，提高繪畫效率。

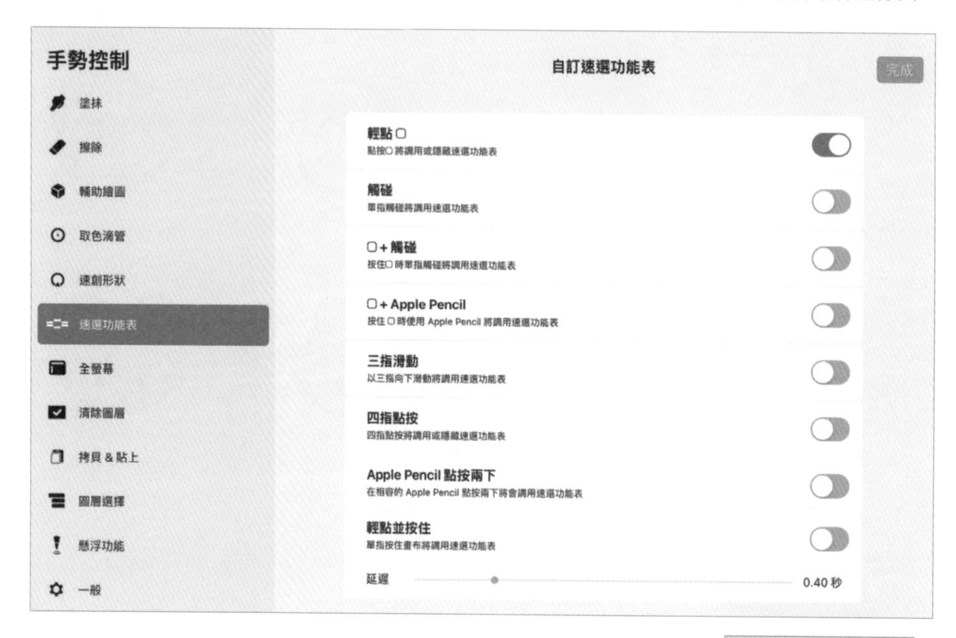

點擊「操作」，選擇「偏好設定」，進入「手勢控制」，可按照個人習慣自訂多種設定值。

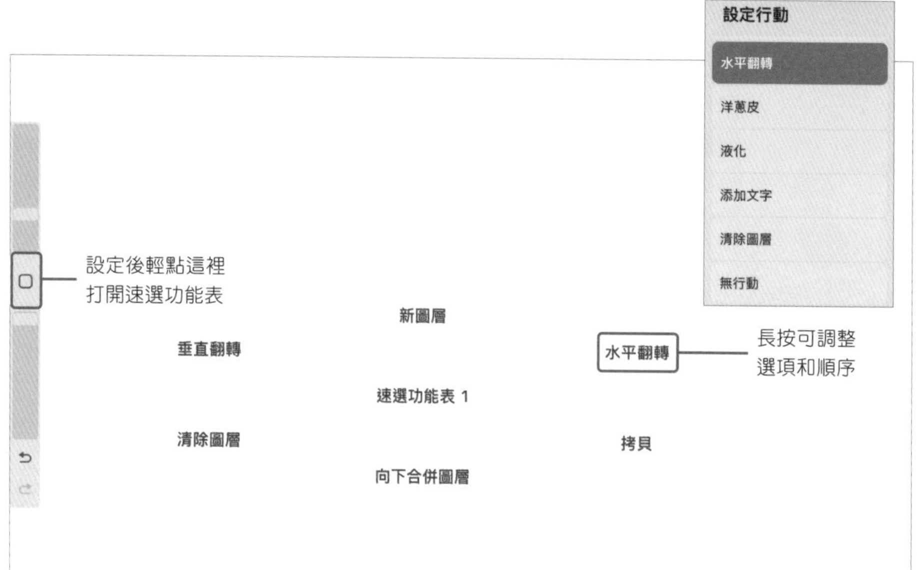

這裡以設定「速選功能表」為例，點選「輕點□」為打開速選功能表的方式。

開啟速選功能表後，長按畫布中出現的選項可調整選項和順序。

Lesson 1.3

Procreate 運用技巧

認識 Q 萌風格主要使用的筆刷，學習調整與自製筆刷的方法，具備一定的色彩認知及掌握色彩搭配方法，這些 Procreate 運用技巧是練習 iPad 繪畫的關鍵。

認識筆刷

筆刷是模擬真實繪畫質感的重要工具，根據不同創作風格選擇不同的筆刷上色。

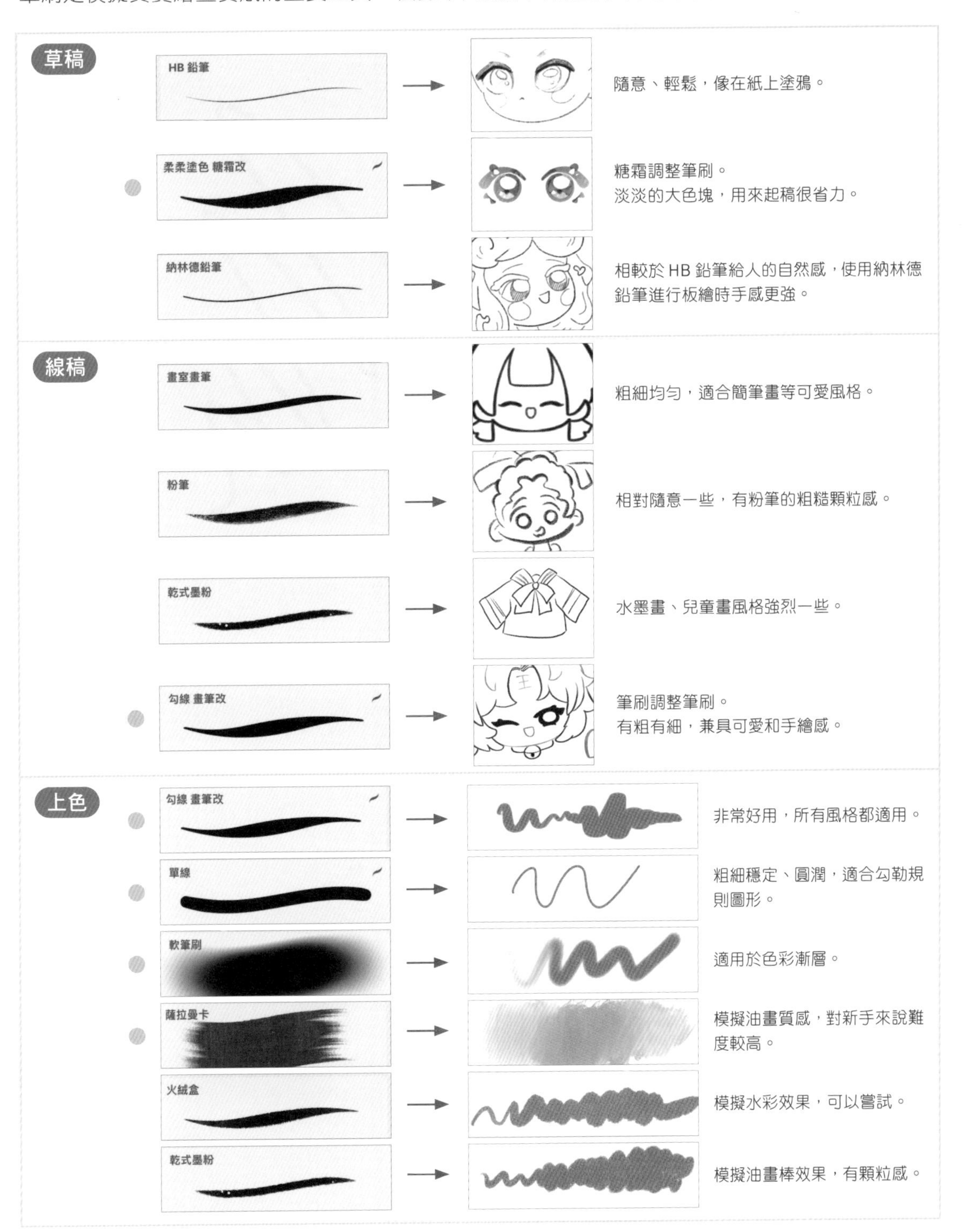

● 為好用筆刷推薦，大家可以依自己的需求多加練習。

筆刷調整與自製

Procreate 內建許多筆刷，能夠滿足一般日常作畫需求。此外，也可以下載本書附贈的 Q 萌筆刷，或用「筆刷工作室」來自製新的筆刷。

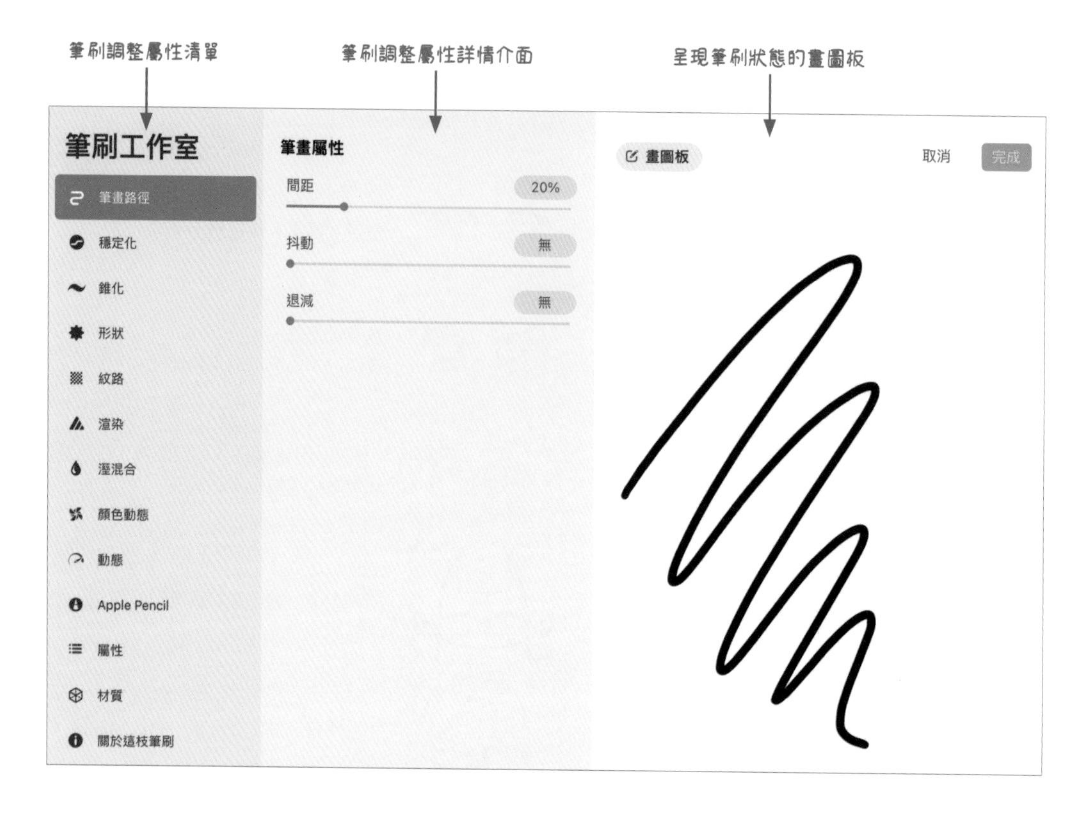

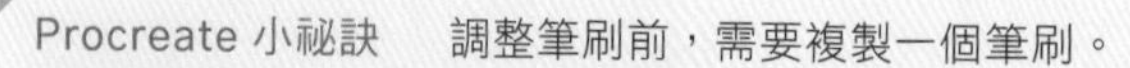

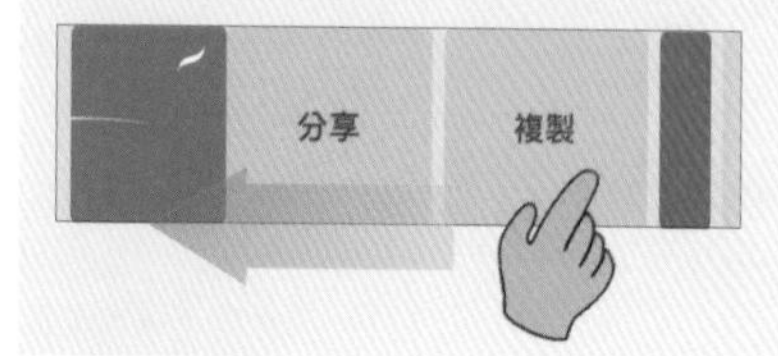

為了避免調整的筆刷覆蓋初始筆刷，當我們需要調整筆刷時，如圖向左滑動選定的筆刷，將其複製，再點擊新複製的筆刷進入「筆刷工作室」。這樣也能比較初始筆刷與調整後的筆刷的差異。

筆畫路徑

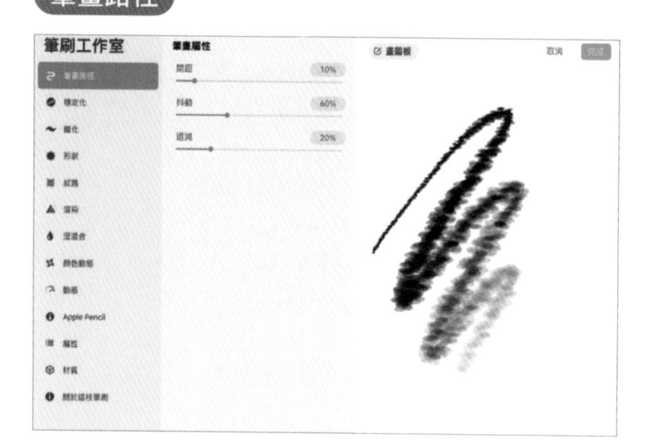

「筆畫路徑」用來調整筆刷的數值，改變線條形態。「間距」數值調大，線條會變成點狀；「流線」數值越大，線條越滑順；「抖動」數值越大，線條越粗糙；「掉落」數值越大，筆刷落筆差距越小，延伸淡出。

穩定化

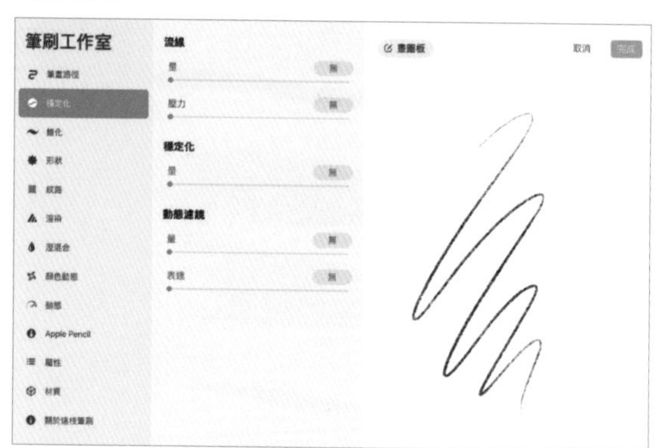

「穩定化」用來修正繪畫時的線條平滑流暢度，使繪製的線條比手繪線條更平直、自然，降低畫線條的難度。

錐化

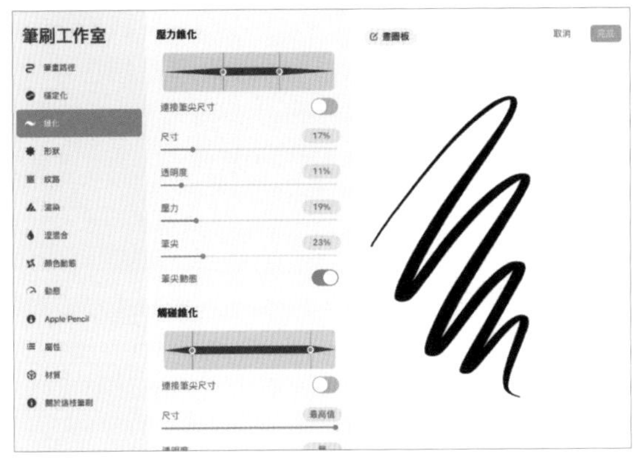

「錐化」用來調整筆刷筆觸的粗細，筆刷起始處和落尾處有明顯變化。「壓力錐化」指的是兩點調整錐化的長度，用於調整 Apple Pencil 在 Procreate 的屬性；「壓力」數值越大，變化越明顯。

形狀

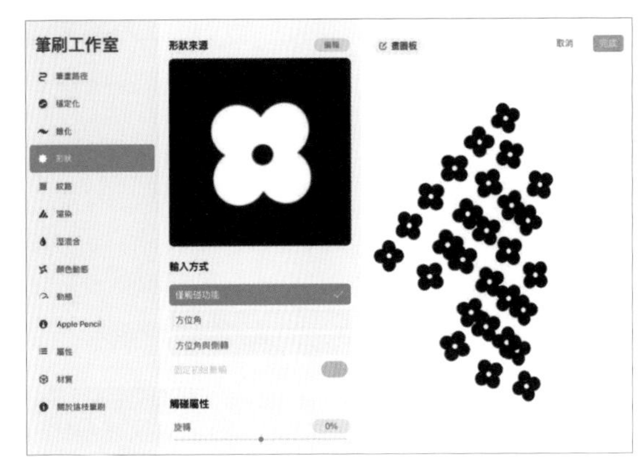

「形狀」用來製作形狀如樹葉、花瓣之類的筆刷。

紋路

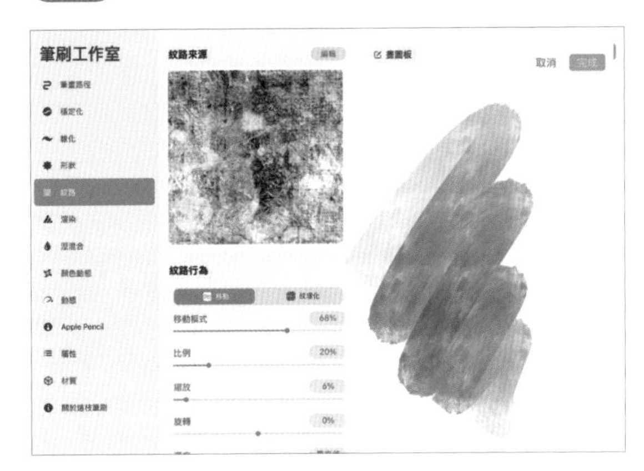

「紋路」可以匯入圖片，改變顆粒紋理，用來製作質感筆刷。

渲染

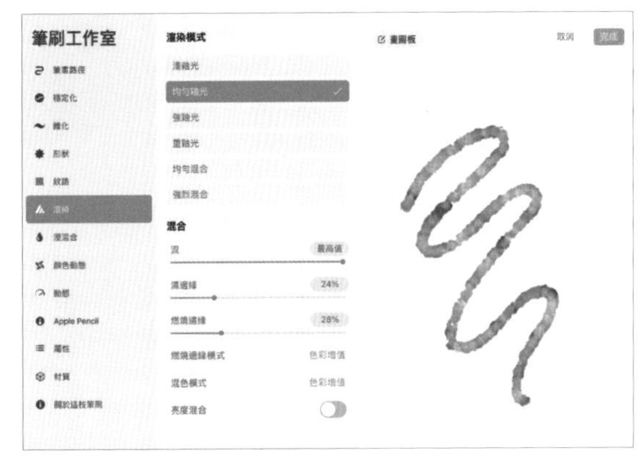

「渲染」可以用來調整在畫布上塗色的效果。

顏色動態

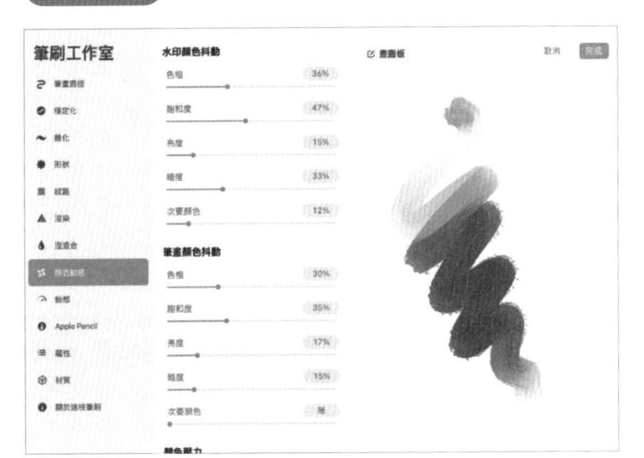

「顏色動態」可以用來自製一款根據使用 Apple Pencil 時的壓力和傾斜度來調整顏色、飽和度的筆刷。

屬性

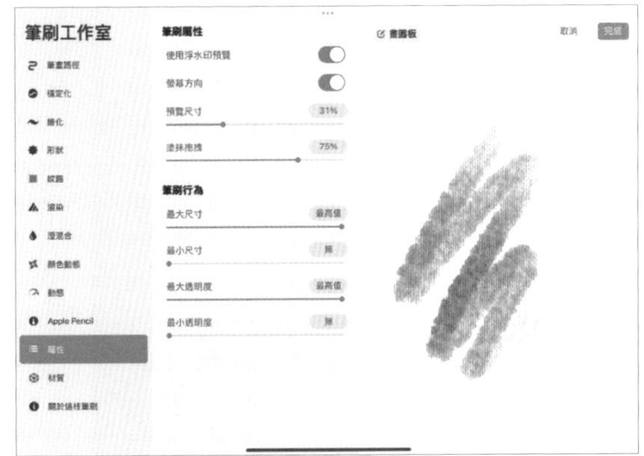

「屬性」用來設定其他雜項，決定筆刷在筆刷庫中的預覽效果，常用的是「筆刷行為」下的尺寸調整。

色彩認知

具備一定的色彩認知，有助於在創作時更準確地選擇所需顏色，並熟悉明度、飽和度的概念。在選擇配色時可以從色彩原理入手，根據鄰近色、對比色、互補色等理論的原理調整顏色，更容易搭配出好看的色彩。

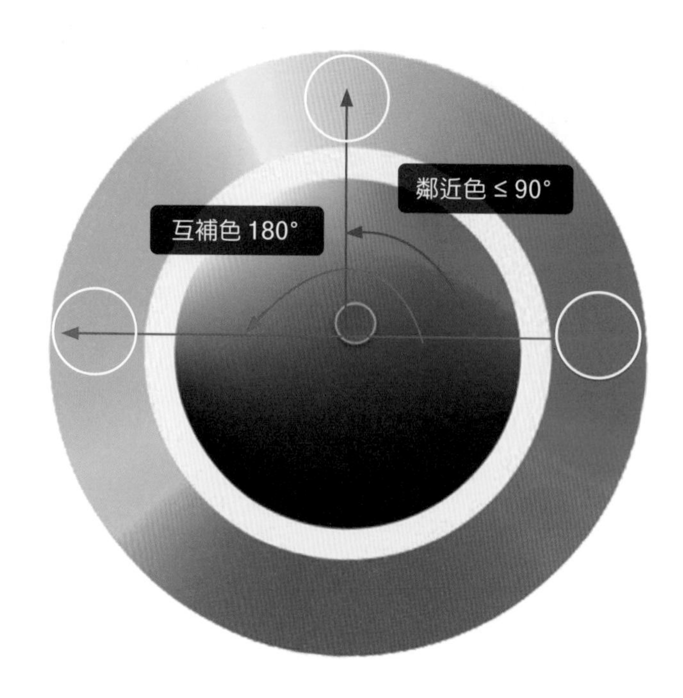

鄰近色

與所選顏色呈 90° 左右的顏色為鄰近色。如與紅色在色圈中上下呈 90° 的黃橙色、藍紫色區域都是紅色的鄰近色。

互補色

與所選顏色呈 180° 左右的顏色為互補色。如與紅色在色圈中直線對立的綠色區域為互補色。

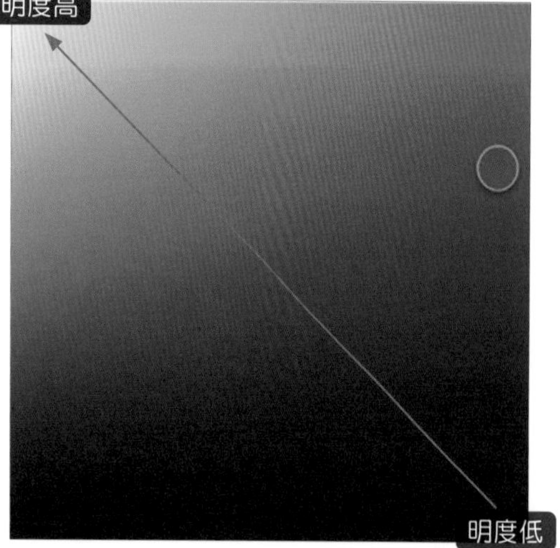

明度

明度指顏色的深淺變化，顏色越淺明度越高，顏色越深明度越低。在 Procreate 經典色盤中從下至上、從右至左明度逐漸升高。

飽和度

飽和度指顏色的鮮豔程度，顏色越鮮豔飽和度越高，顏色越暗沉飽和度越低。在 Procreate 經典色盤中，顏色由下至上飽和度逐漸升高。

色彩搭配

掌握色彩搭配方法能避免畫面出現過於花、亂、髒的問題，可以從色調好看的畫面中吸取靈感、學習配色方案。這裡提供一些常見的配色方案讓大家參考。

糖果色

糖果色適用於 Q 萌風格，新手比較好上手且色調柔和，能夠避開大紅大綠的色彩，降低配色「失誤」的可能。糖果色的特點是飽和度較低，整體給人一種加入甜蜜、溫柔的感覺，呈現高級灰的質感，具有可愛、少女、夢幻的風格。

鄰近色

鄰近色指畫面中的主要顏色都是同一色相的，很少有對比大的顏色出現（可局部出現作為點綴）。

以鄰近色為主的畫面整體色調十分和諧、統一，基本用飽和度、明度來區分畫面中的顏色，不容易出錯，適合新手。

對比色

人物的頭髮、衣服顏色與蝴蝶結顏色形成對比。對比色指相反色相、互補和反差大的顏色，主要透過冷暖色調對比，使畫面更豐富、跳躍，給人眼睛一亮的感覺。適當使用對比色至關重要，也是作畫中常見的一種配色方法，但需要一定的練習。

低飽和度

鮮豔的主體物和低飽和度的背景可突顯主體物。

飽和度越高顏色越鮮豔，飽和度越低顏色越偏向灰白色，低飽和度的顏色會讓畫面色調更柔和，不會給人突兀的感覺，非常百搭、耐看。但飽和度過低會使畫面呈現灰濛濛或者沉悶、暗沉的感覺，導致畫面不突出，不夠亮麗、清新。

同色系

同色系是指與選定顏色相近的顏色，這個顏色和選定顏色在飽和度和明度上有一定差異，但不會形成太大的反差。以正紅色為例，它的同色系就有深紅色、淺紅色、橘色等相近顏色。

調和面板

配色上，將互補色和近似色搭配會讓畫面顏色和諧且豐富，配色往往是新手的作畫難點之一，而調和面板會自動鎖定畫面中選定顏色的互補色和近似色，大大降低配色困難程度。Procreate 內建五種配色模式，足夠為創作提供多方面的參考。

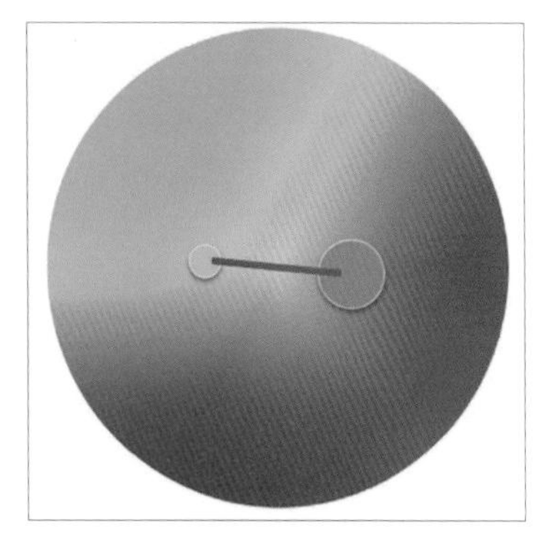

互補色
互補色是反差色，與所選定顏色呈對立位置。

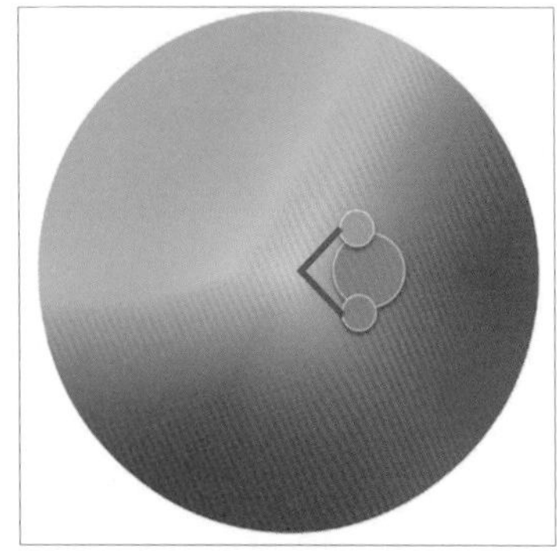

類比
類比色是同類色，以大致直角的形態分別位於選定顏色的上、下方。

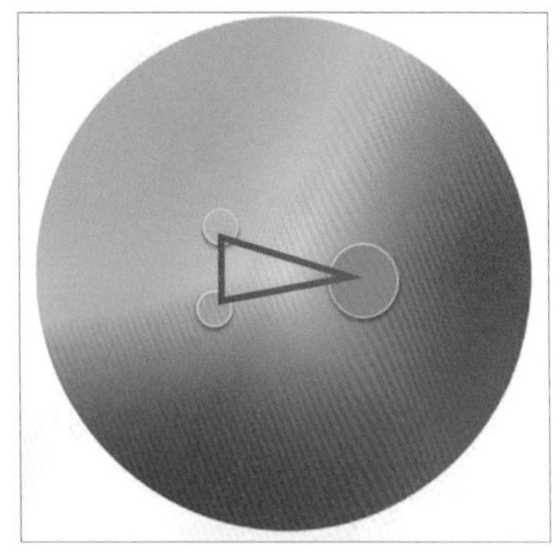

分割互補色
三個選色點呈等腰三角形，比起互補色，其色彩更柔和。

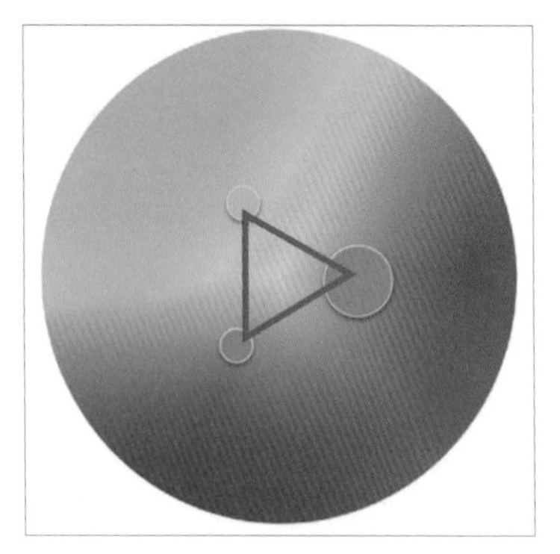

三等分
類似分割互補色，所選顏色會構成豐富的配色效果，呈等邊三角形。

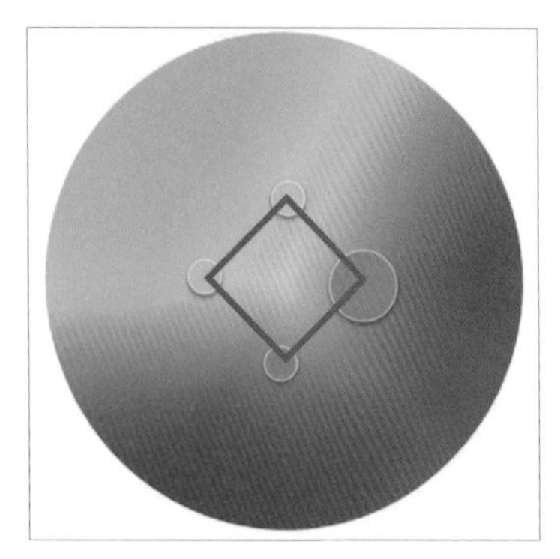

矩形
比三等分多一種顏色，對比效果強烈，呈正方形。

參數

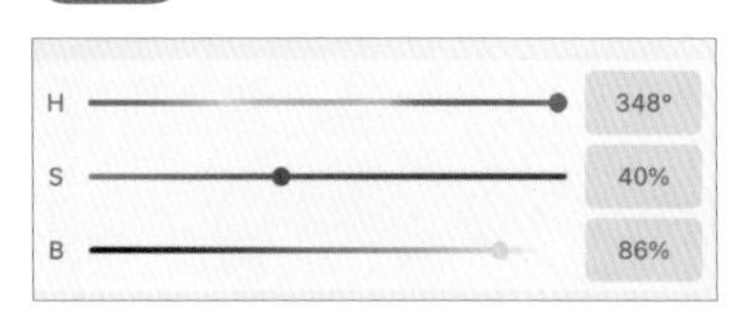

H、S、B 分別代表色相、飽和度、明度。

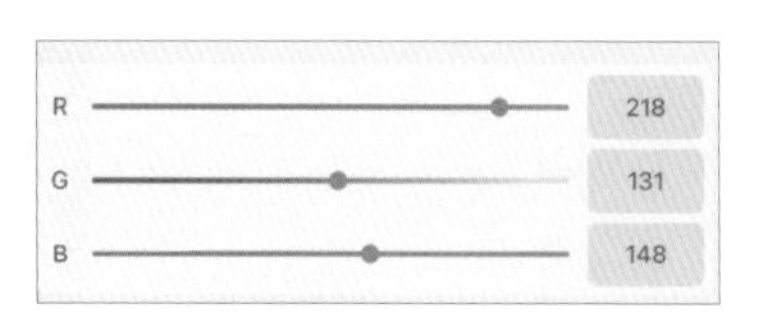

R、G、B 分別代表紅、綠、藍三種色版。

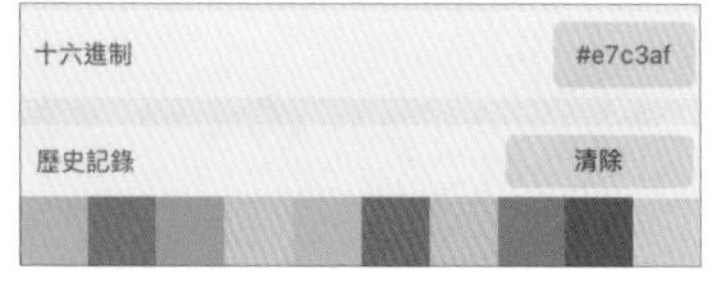

十六進制是指色彩的十六進位代碼數值，只需輸入數值即可得到相應顏色。

「參數」可顯示出每種顏色的具體數值，即便使用不同設備，只要數值相同，所選顏色都是一樣的。在繪畫時如果想要得到和樣版相同的顏色，只需輸入相應的數值。

透過滑動滑桿可調整顏色色相、飽和度、明度。當畫面完成後，如想要調整色相、明度等，只需滑動滑桿依照需求調整，不需要重新上色；也可直接輸入數值，方便輸出顏色。

新增調色板

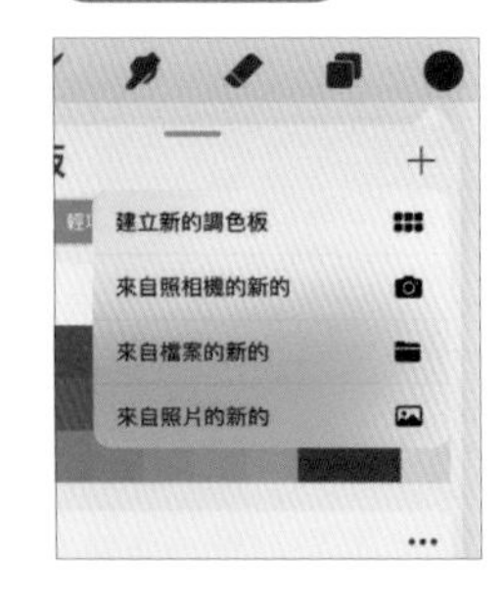

點擊「調色板」右邊「+」可以匯入照片，根據照片顏色自動識別色塊。

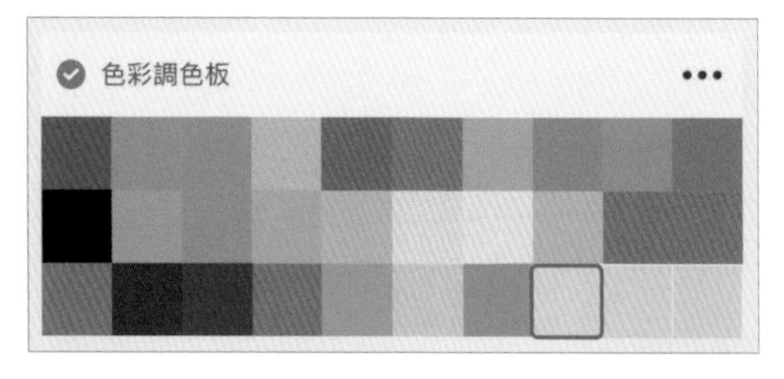

在「調色板」裡可以將選定顏色輕點空餘區域，將其新增在色彩調色板中，方便下次直接使用，以提高作畫效率。

便利的輔助工具

充分利用 Procreate 繪畫的便捷性可以更快速、更完美地實現繪畫效果，省時、省力。

平滑線條

當勾線時容易手抖，導致無法畫出平滑、順暢的線條時，除了大量的練習外，也可以利用一些小技巧簡單勾勒出流暢的線條。

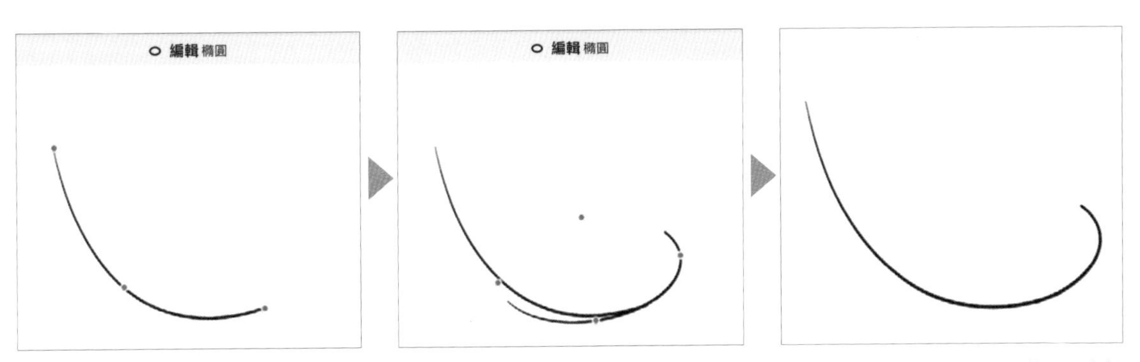

在勾勒規則圖形或弧線較多的圖形時，可以使用 Procreate 便利的線條編輯功能，在畫線落筆後長按螢幕且不放開，就可以方便地調整圖形。

無法一次性畫出想要的弧線時，可以使用編輯圖形使兩線條相接，再擦除多餘線條。

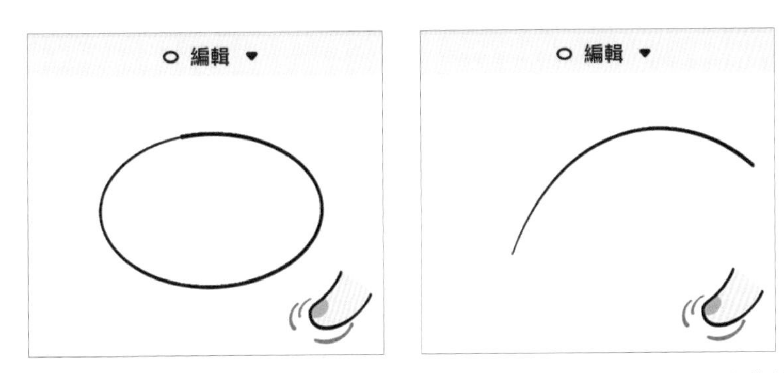

在繪製規則圖形和直線時，很難一次就畫好，不管是閉合還是非閉合，工整還是不工整，在繪製後不提筆並長按螢幕，圖形就會變得閉合或工整，且介面上方會出現「編輯」選項。

雖然繪製的圖形不工整，但只要點擊介面上方出現的「編輯」後，會出現與其形狀相近的選項，例如繪製一個不規整的圓，點擊「編輯」後會有橢圓、圓形等選項。

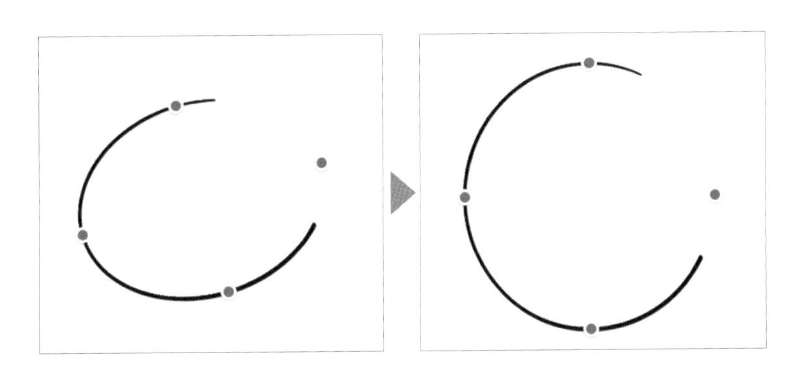

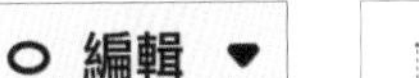

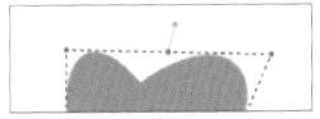

在選擇圖形之後，畫布上的圖形會出現幾個點，拖曳這些點可以調整圖形的細節，使繪製的圖形更符合需求。

改色技巧

運用「阿爾法鎖定」可以在不改變線稿圖形的情況下輕鬆改變顏色，使線條更靈活。

點擊線稿圖層左側，彈出操作欄，選擇「阿爾法鎖定」，鎖定線稿圖層。

鎖定線稿圖層後，圖層預覽顯示為網格狀，此時可以直接在線稿圖層上塗上想要的顏色。

由於線稿圖層已經鎖定，所以可以在線稿不會被改變的情況下，對圖層顏色進行修改。

上色技巧

上底色時由於圖形邊緣不規則，因此需要非常小心，但可利用小技巧減少上底色的麻煩。

在線稿圖層下新增上色圖層時，用上底色的筆刷將需要上色的圖形邊緣塗抹並且閉合。

將右上角的顏色拖曳到需要填色的地方，顏色會自動填滿閉合的圖形。

色彩快填　繼續填滿

填色後介面上方會出現「色彩快填→繼續填滿」，點擊後只需要點觸需要填色的地方就可以填滿顏色。

點擊線稿圖層左側，彈出操作欄，將線稿圖層設為「參照」。

在線稿圖層下新增上色圖層，將右上角的顏色拖曳到需要上色的區域，顏色就會自動填滿圖形。

這種方式只適合填滿大色塊，將主要色塊填滿後，細節還是需要手動上色、調整。

快捷對稱

透過「繪圖參考線」裡的對稱協助工具，可以快速地畫出對稱圖形，提高繪畫效率，減少修改。

在「操作」的「畫布」中打開「繪圖參考線」，然後點擊「編輯繪圖參考線」，選擇右下角的「對稱」，其下方有幾個選項可以選擇。

「垂直」對稱可以使左、右兩邊的圖形對稱，在拆解、繪製對稱的服裝或正面的人物時可以使用此功能。

「水平」對稱可以使上、下兩邊的圖形對稱，在畫特殊的構圖時，如水面倒影等可以使用此功能。

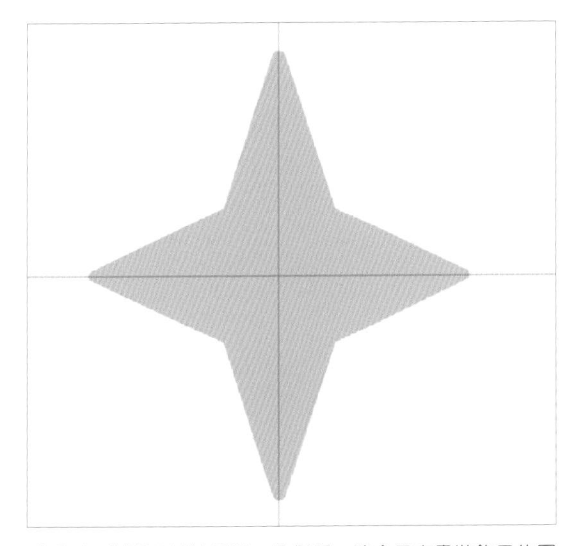

「扇形」對稱可以使圖形四角對稱，適合用來畫裝飾用的圖形，以及四邊的花邊紋理框。

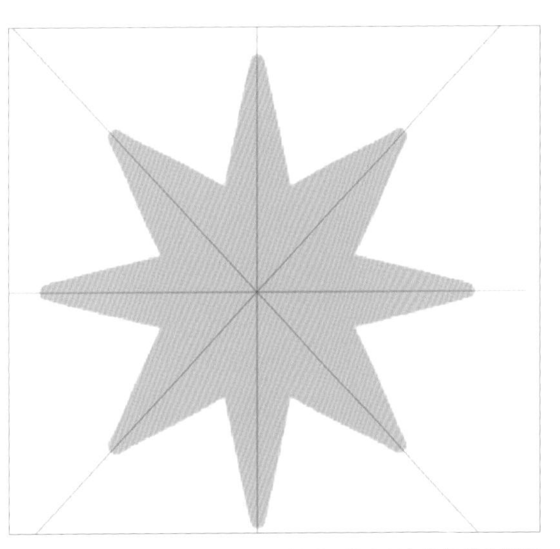

「放射狀」對稱可以使圖形八角對稱，適合用來畫複雜的對稱圖形。

局部變化

想要改變畫面局部卻不影響整體、或是做微小的調節，避免過多地重複工作，就需要「局部變化」。使用「選取」選取圖形後點擊「變換」，可以編輯圖形使其形狀產生變化，變換方式共有以下四種，每一種都有自己的特點，大家可以根據畫面選擇合適的方式。

「自由形式」可以用來隨意地伸縮圖形，調整圖形的寬窄，但當圖形拉伸得過長時，圖形會變得模糊。

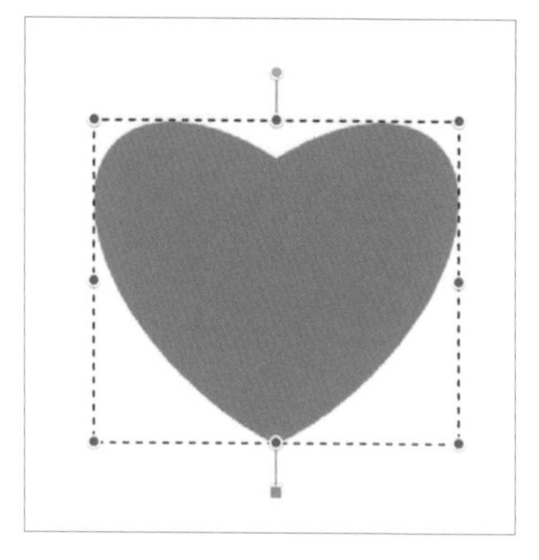

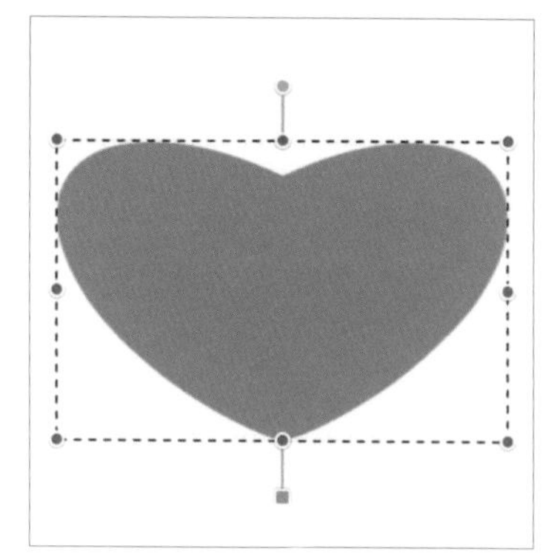

「均勻」可以用來等比縮放圖形，在繪製圖形時，這個功能十分常用；但在縮放線條時，線條會隨著圖形的放大而變粗。

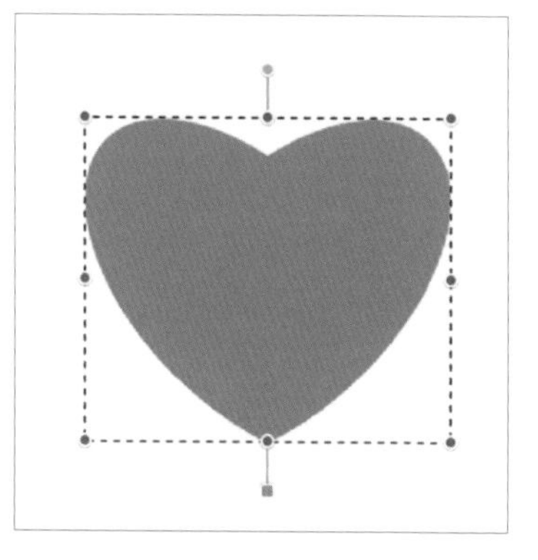

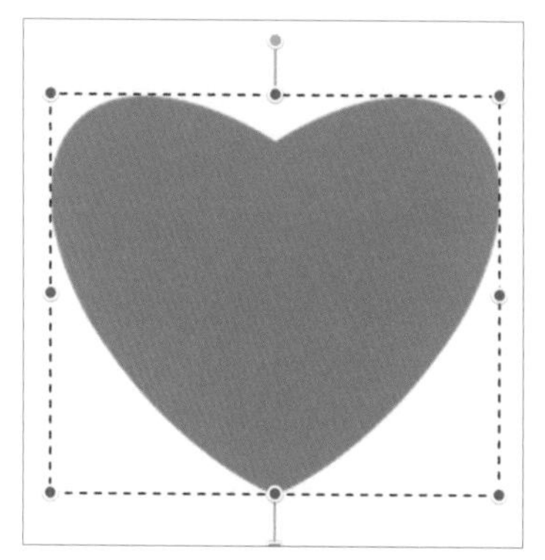

「扭曲」可以用來將圖形拉出透視，用來處理一些特殊圖形時非常方便，在調整透視時除了注意周圍的輔助線，也要注意圖形本身是否和諧。

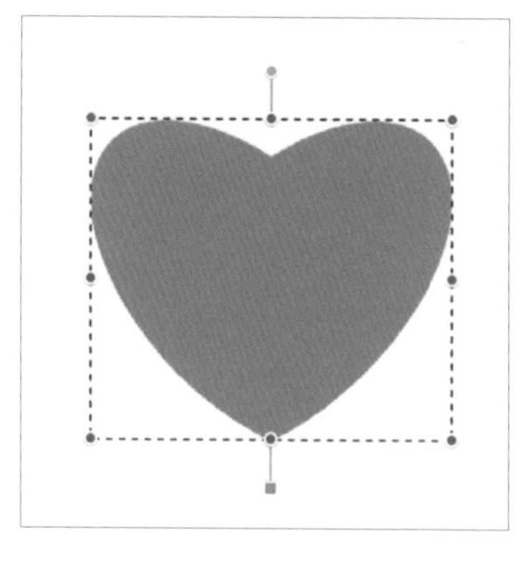

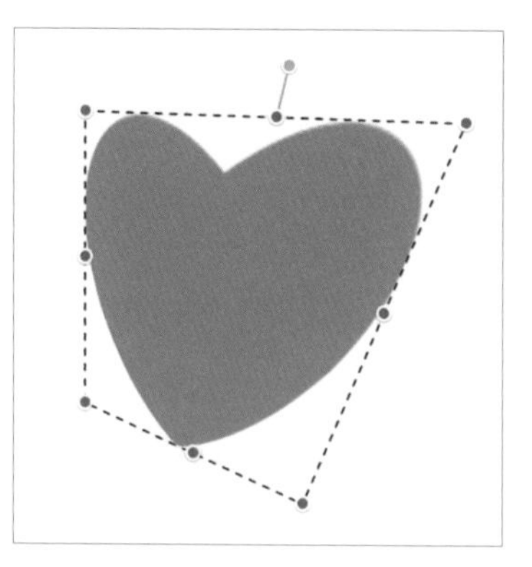

「翹曲」可以將圖形像布一樣從四角拉出彎曲變化，甚至可以將圖形折疊，在繪製服裝皺褶時這個功能非常實用。

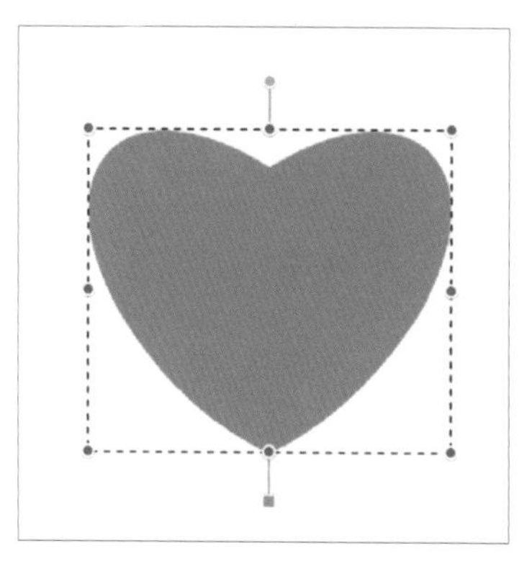

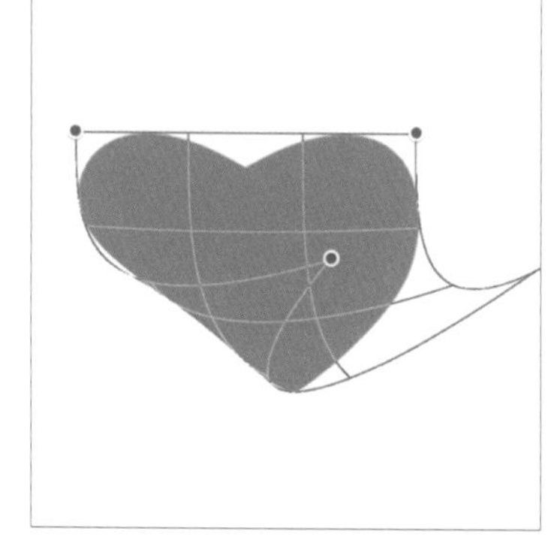

Q 萌繪畫技法大揭祕

人物是繪畫中的一個挑戰，
尤其是人物的比例和人體結構，稍有不慎就會變得很奇怪。
掌握 Q 萌人物的比例畫法會大大降低繪畫難度，輕鬆畫出可愛「小人」。

Lesson
2.1

新手繪畫的結構「挑戰」

人體的比例與結構是繪畫的一個挑戰和瓶頸，需了解人體的肌肉、骨骼分佈。

「超難」的正確比例人體

突顯人物形象的身體造型、增加視覺衝擊力的人物動態，都離不開合理的人體比例。參照達文西繪製的人體比例圖，繪製的困難點在於需完全描畫真實人物的身體，稍有偏差就會顯得奇怪而不夠美觀。

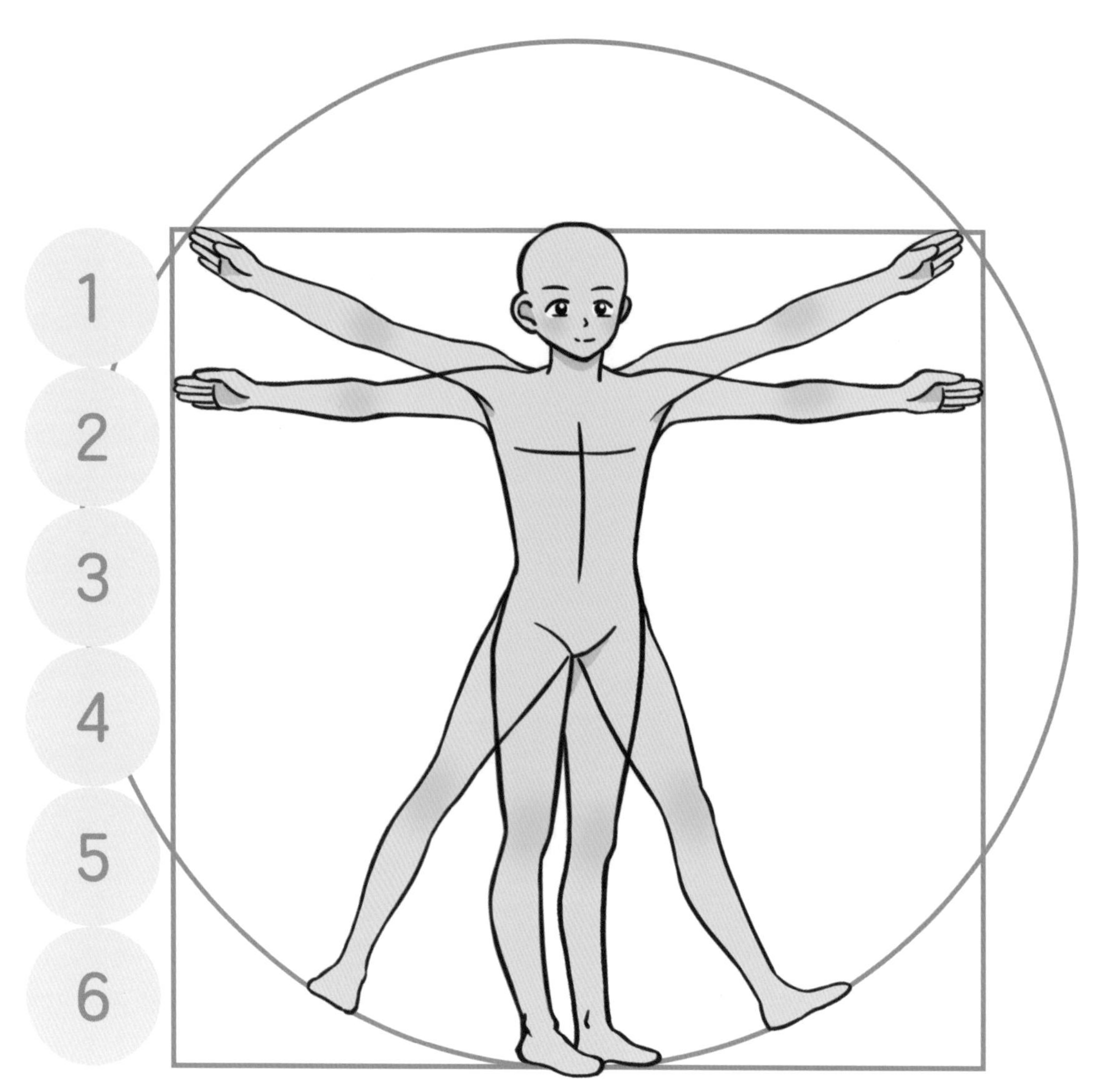

Procreate 小祕訣　以頭長為基準單位的衡量方式。

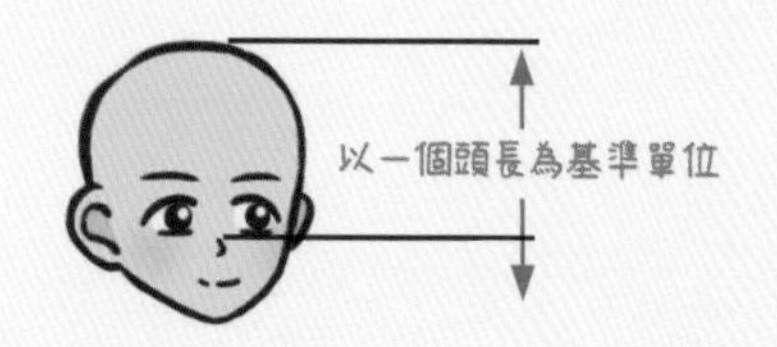

頭身比：以一個頭長為基準單位來確定人物全身長度的方式。常見的正確比例人體為七頭身，上身為 3 個頭長，下身為 4 個頭長。繪畫時可以根據不同的設定來確定頭身比，不論怎麼設定，衡量方式都是一樣的。

複雜的人體結構

直立的軀幹畫起來較容易，但特殊角度和動作關係到結構、關節，難度很大。要畫好各類動作，必須了解人體複雜的骨骼和肌肉。肌肉收縮會牽引骨骼而產生關節的運動，形成不同姿勢。

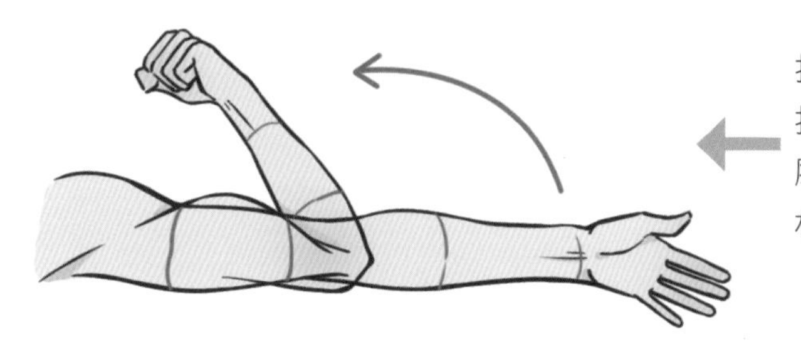

抬起、放下手臂的肌肉型態不同。握拳抬起手臂時，肘內的肌肉被擠壓，上臂肌肉鼓起，如肱二頭肌等。放下手臂時相對放鬆，肌肉平緩。

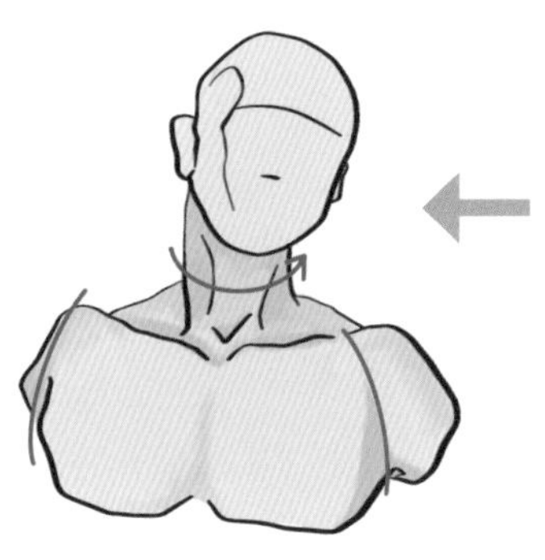

脖子並非直接連接肩膀，要找到鎖骨和連接肩膀的斜方肌位置。脖子、肩膀、胸腔 3 個部分是銜接的。

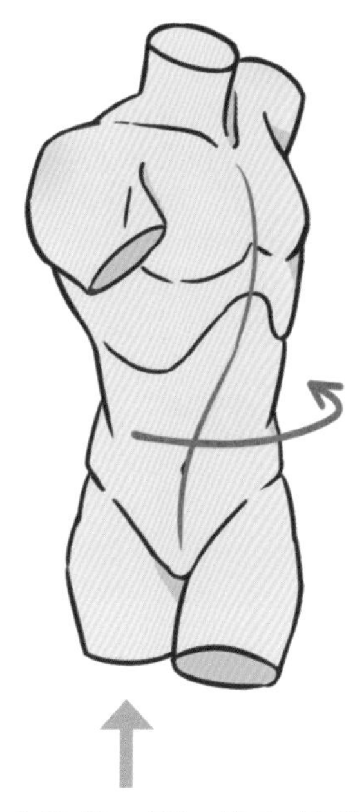

軀幹包含胸腔、腰、臀 3 部分，做出動作時，這 3 部分都是一起關聯變化的。如圖側後轉身時，身體胸部到腰部中線扭曲呈波浪形，胸部輪廓壓住腰部輪廓，形成交叉，而非只有胸部或腰部單一部分轉動。

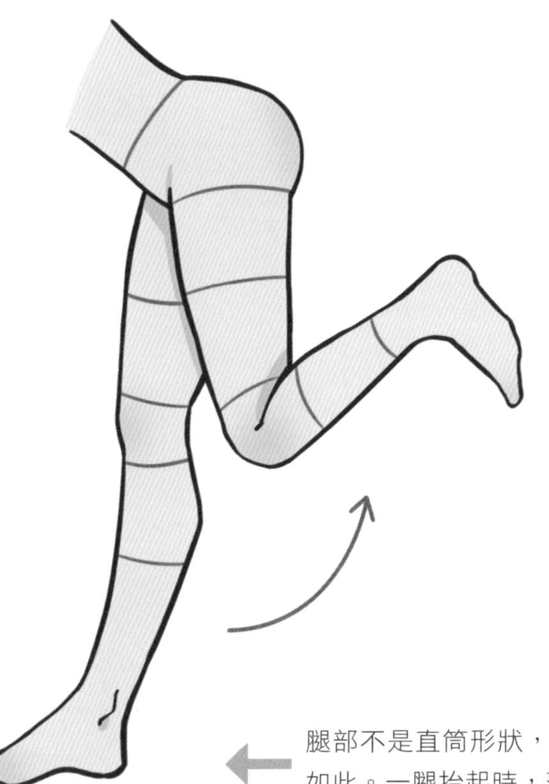

腿部不是直筒形狀，肌肉多的地方要有起伏，其他位置也是如此。一腿抬起時，落地的腿是身體的重心，腰部向下凹。

_ □ ×

Lesson 2.2

用 Q 萌畫法「跨越障礙」

雖然短時間內無法立即掌握人體的正確比例，但若改用 Q 萌畫法難度就會降低不少。

簡化結構好上手

正確比例人體不僅複雜，而且可愛度不夠，若依照「頭大身小」的 Q 萌畫法改變比例，可以簡化結構、主觀處理，使人物具有「漫畫感」且降低繪畫難度。

簡化前：正確比例人體

1. 五官要按「三庭五眼」排列。
2. 嘴部主要畫出唇線和下唇，並勾勒出嘴角。
3. 手部難度高，要衡量好五指在手掌上的位置和手腕與手掌連接處。
4. 身體腰部內收，胸腔和胯部打開，腿部、腳部根據關節和肌肉起伏繪製。

簡化後：Q 萌人體

1. 額頭較大，臉型圓潤無稜角，眼睛偏大、圓，甚至更誇張。
2. 嘴巴造型簡單，為偏圓形或方形的幾何形狀。
3. 手部圓潤無關節，手掌直接與手腕相接。
4. 身體胸腔較短小、窄且無腰部，腿部與腳部圓潤，可忽略關節和肌肉，腳部直接概括即可。

容錯率高，建立自信

想要畫好寫實的正確比例人體和物品需要長期、枯燥的練習。新手難掌握、上手慢，容易影響繪畫熱情。而 Q 萌繪畫對結構的要求不高，可以做誇張或省略的處理，因此容錯率高。

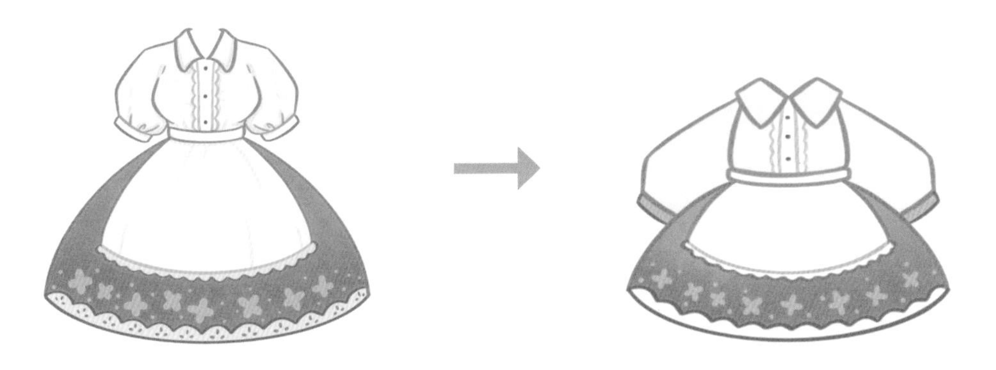

正確比例的洋裝通常是根據人體外型起伏描畫，如胸部需要向外擴、腰部內收、衣領和袖子之間有肩部承接。

Q 萌連衣裙的胸、腰形狀一致，沒有向內、向外的起伏，可以將上半身看作一個梯形。袖口簡化，也不必考慮肩膀與手臂之間的線條。

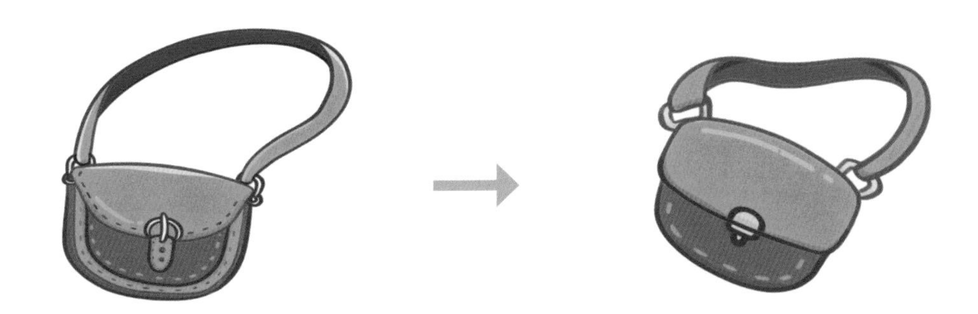

真實的背包需要畫出豐富的細節，形狀偏方形，並表現出背包的厚度和立體感。

Q 萌背包可以適當改變外輪廓，去除稜角，畫出圓潤和扁平的感覺，可省略細節。

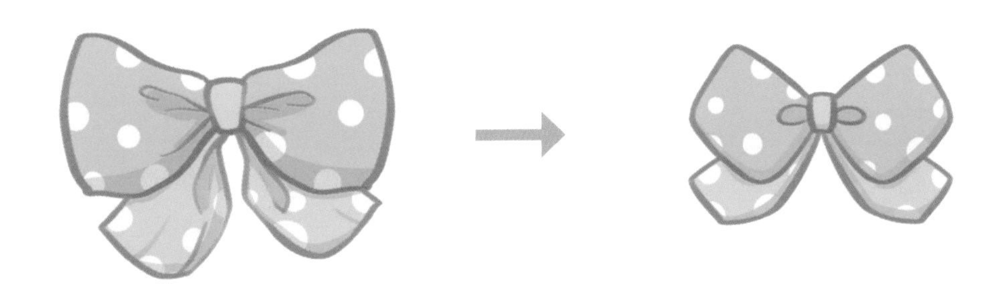

真實的蝴蝶結有自然的皺褶，形狀不規則，蝴蝶結上的圓點裝飾也需按照皺褶的起伏改變大小和形狀。

Q 萌蝴蝶結可簡化概括成幾何形，形狀工整，不需要畫出皺褶，裝飾圖案也不必跟隨皺褶變化，完全可以視為對稱物體來畫。

快速獲得成就感

繪製正確比例人體耗時長、難度大、效率低，對新手而言很難立即上手、容易有挫敗感；Q 萌人體不僅萌感十足而且繪製難度低，可以快速體驗到繪畫的樂趣，獲得成就感！

正確比例人體

耗時：1h

難度：★★★★★

Q 萌人體

耗時：30 min

難度：★★★

畫 Q 萌人體能快速獲得成就感的原因如下：

1. 正確比例人體的挑戰：以上圖為例，正確比例人體坐姿大概為 3 個頭長，人物左腳在前，所以左邊的鞋子略大，同時也需注意雙腳與人物整體的比例大小；五官分佈均勻，微微歪頭，要注意人物脖、頸、肩的關係；起稿難度大、速度也較慢。
2. Q 萌人體容易畫的原因：比例為「頭大身小」，坐姿大概兩個頭長，頭部占人物全部的二分之一，腿腳縮小，可以忽略鞋子上的細節，大眼睛也巧妙地轉移了五官分佈不適所造成的怪異，頭部直接銜接梯形身體。因為頭大身小，人物衣服上的細節不必過多，簡單即可，主要以頭部的細節來吸引目光。

相較之下，Q 萌人物起稿簡單，可以省略細節，並能在較短的時間內畫出完整的人形。

簡化後的 Q 萌人物要畫得好看並不難，第 3 章將詳細講解 Q 萌人物的具體畫法。經過有系統的學習後，相信你也可以輕鬆畫出可愛的人物！

耗時：10min

難度：★

耗時：20min

難度：★★

耗時：6min

難度：★

新手入門 頭像篇

透過對人物五官的學習，
除了掌握整個頭像的繪畫技巧，
同時也能熟悉 Procreate 好用的功能。

Lesson 3.1

可愛小腦袋

Q 萌人物的五官和髮型都依附於圓圓的頭部，所以，了解頭部的畫法和各角度的變化原理是非常必要的。

頭部的畫法

①用圓和橢圓組成頭部的基本形狀；②新增圖層，透過平滑的曲線將它們連成一個整體；③加上臉部的「十」字輔助線和半圓的耳朵，就有一個頭部的基本角度和輪廓了。

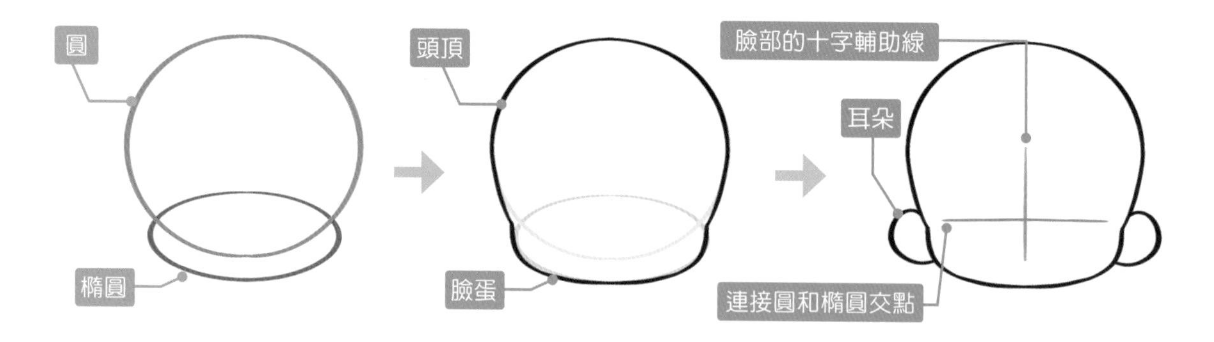

Procreate 小祕訣　使用「編輯繪圖參考線」可以打開輔助線，簡單畫出對稱、飽滿的頭部。

打開輔助線的方法：

1. 點擊「操作」。
2. 選擇「畫布」。
3. 打開「繪圖參考線」。
4. 點擊「編輯繪圖參考線」。

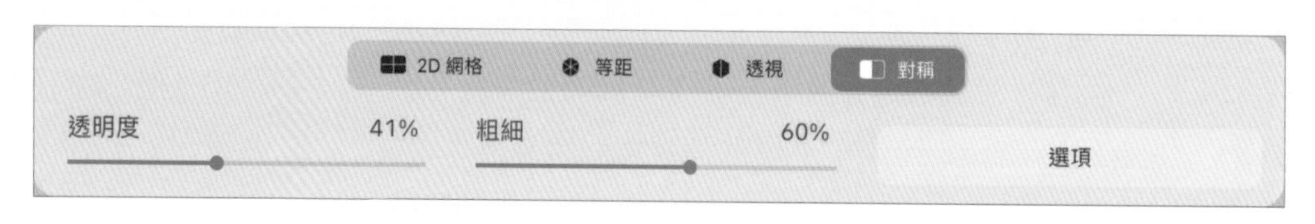

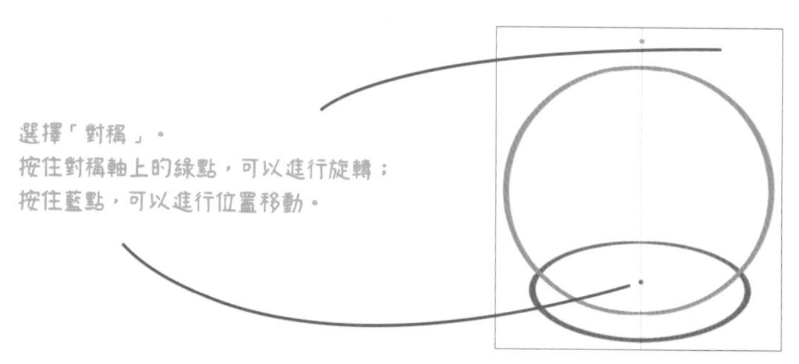

仰視與俯視

除了正面，若用抬頭、低頭和側面的角度來表現人物會更自然。來看看各種角度的人物頭部有什麼繪畫小訣竅。

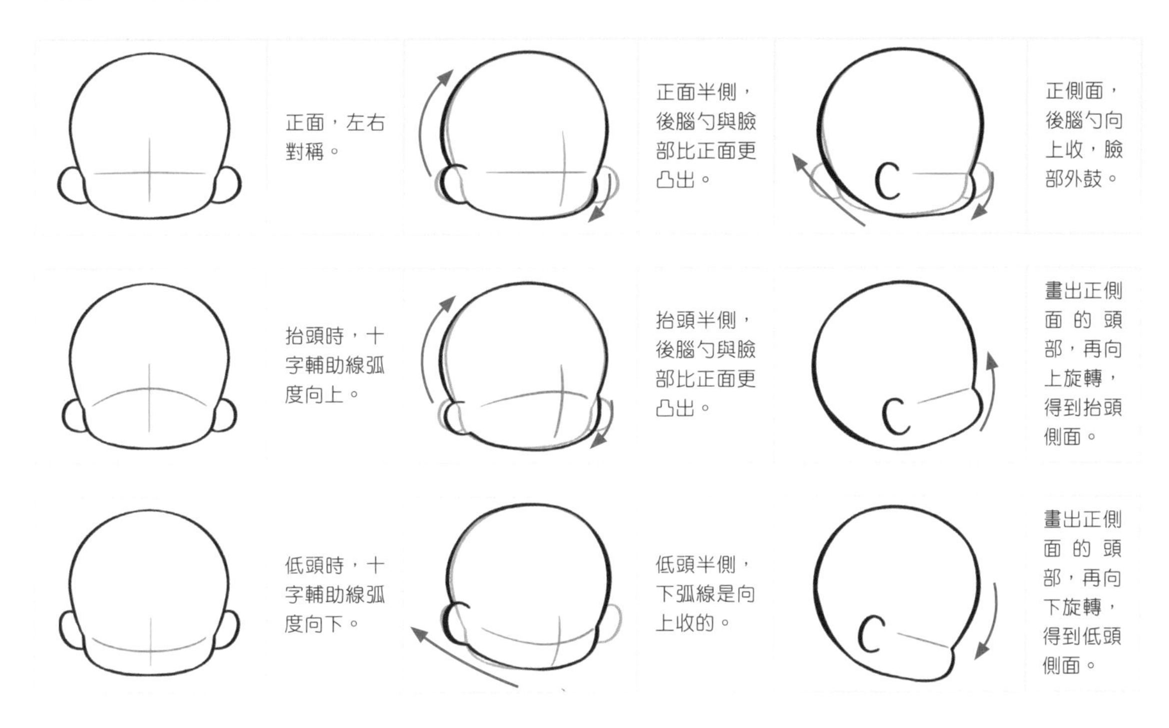

角度樣版

在學習人物繪畫時，可以進行多角度的頭部臨摹與練習，這不僅能幫助大家提高繪畫熟練度，還可以製作自己的「角度樣版」，在畫新人物時墊在圖層下方可省去很多起稿時間。雖然 Procreate 繪畫有竅門可循，但勤加練習才是最重要的！

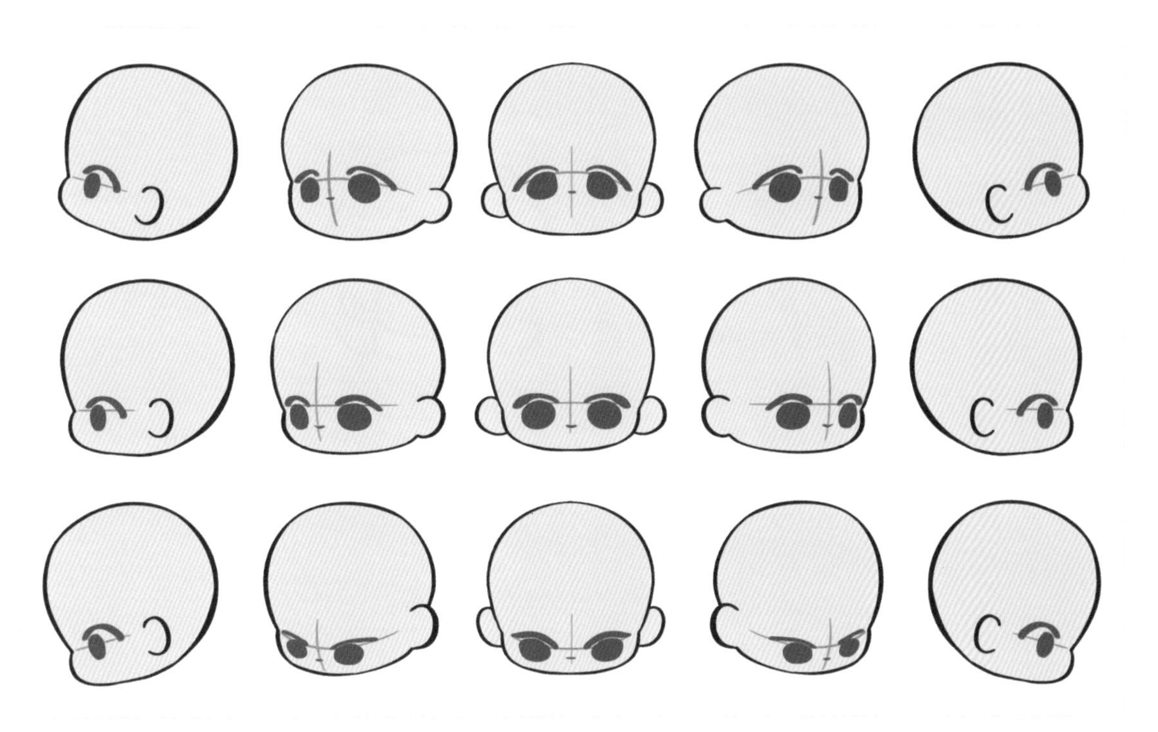

Procreate 小祕訣　如何使用「角度樣版」？記住，先降低不透明度和新增圖層。

1. 降低不透明度。

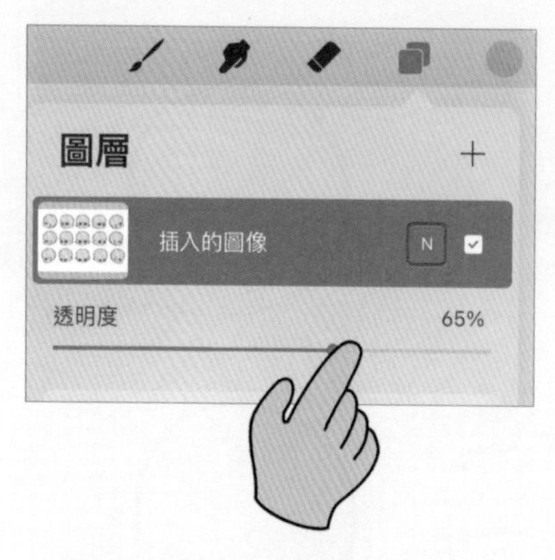

一般改變不透明度的方法：
點擊濾鏡模式，透過手指拖曳改變不透明度。

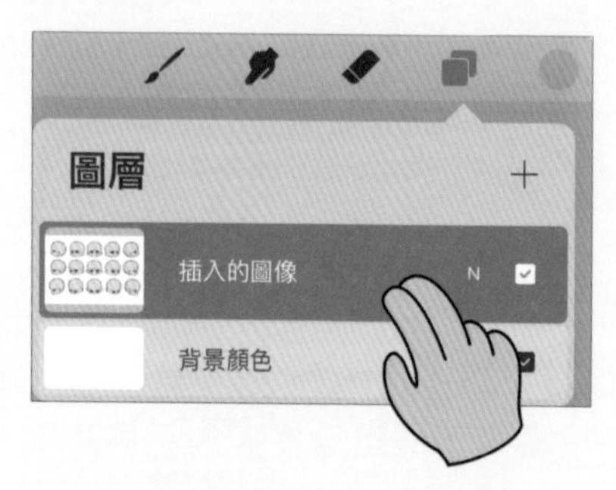

快速改變不透明度的方法：
雙指輕點圖層，透過手指在螢幕左右滑動改變不透明度。

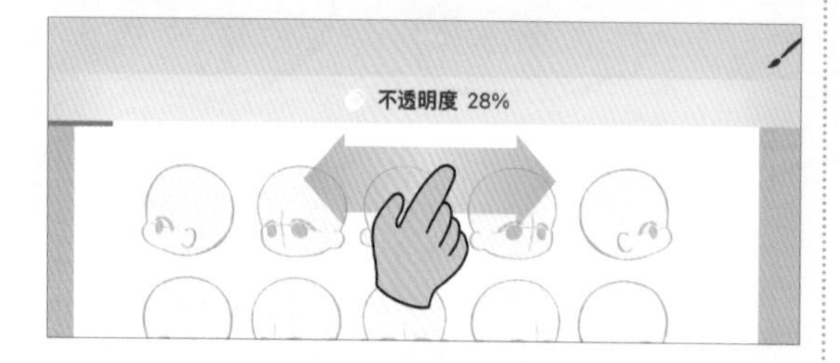

2. 新增圖層。

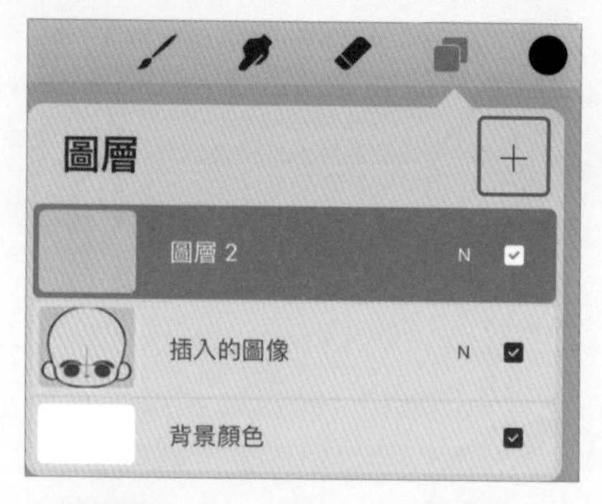

點擊圖層右上方的＋，在「角度樣版」上方新增圖層。

在樣版基礎上，畫出想要的新圖形。

再隱藏樣版，就能省去頭像起稿的時間，快速畫圖。

Lesson 3.2

大眼睛是「靈魂」

無論是頭像還是全身像，眼睛都是一幅畫當中情感最豐富的地方，我們可以運用 Procreate 強大的協助工具輕鬆畫出一雙具有靈氣的眼睛。

眼睛的構成

了解眼睛的構成，有助於我們井井有條地畫出完整的眼睛。雙眼皮和下睫毛等並非固定的部分，可以根據人物特徵和個人喜好進行增減。

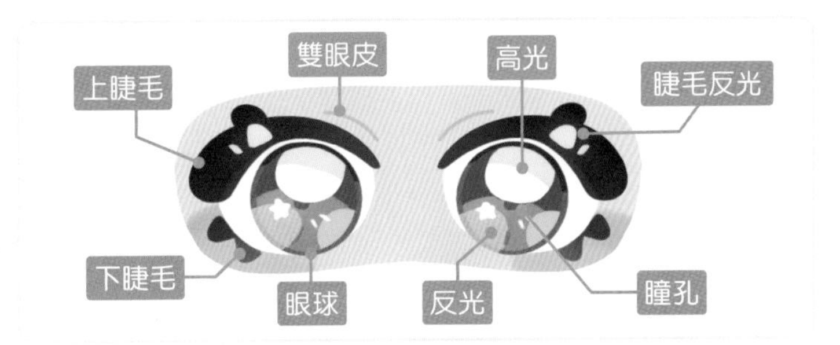

Procreate 小祕訣　使用「選取」和「變換」的組合功能，可以用畫好的一隻眼睛複製出另一隻眼睛。

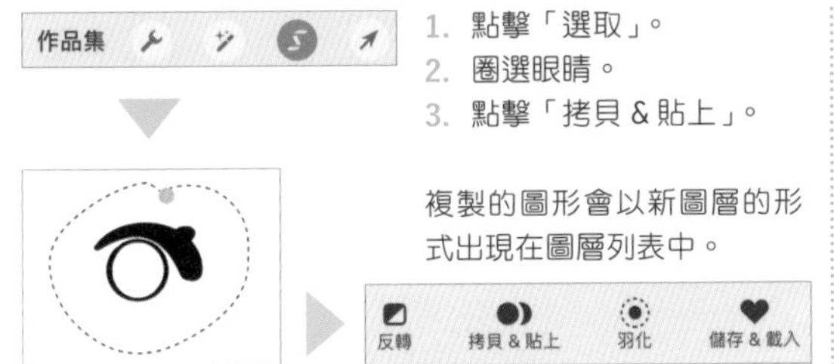

1. 點擊「選取」。
2. 圈選眼睛。
3. 點擊「拷貝 & 貼上」。

複製的圖形會以新圖層的形式出現在圖層列表中。

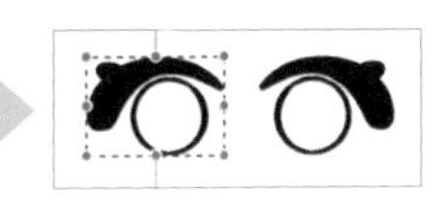

1. 點擊「變換」。
2. 點擊「均勻」。
3. 點擊「水平翻轉」。
4. 將翻轉後的眼睛移動到合適的位置。

草稿的畫法

畫草稿的目的是幫助我們整理繪畫步驟，做一次練習以增加勾線的信心。此時運用較粗的筆刷可以降低起稿門檻，幫助我們快速造型。

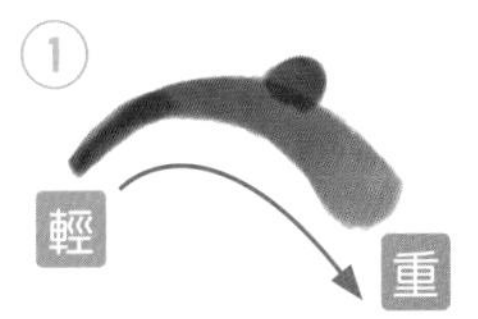

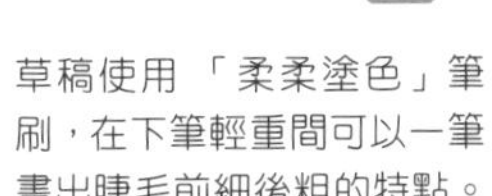

① 草稿使用「柔柔塗色」筆刷，在下筆輕重間可以一筆畫出睫毛前細後粗的特點。

② 畫出閉合的圓形眼球，長按螢幕不放手，可透過頂部的「編輯」將眼球線條修正到合適的弧度。

編輯 → 橢圓　圓形

③ 運用複製小祕訣製作對稱的另一隻眼睛。

④ 在眼球中預留出大塊空白，那是高光的位置。

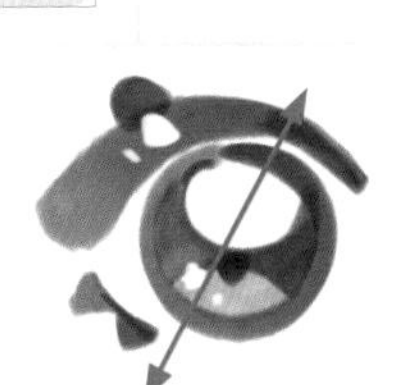

⑤ 在眼球中間疊畫一層，並在高光下畫出瞳孔，用橡皮擦在高光斜線方向擦出小反光以及睫毛上的反光。這樣眼睛大致就畫出來了。

勾線與上色

有了草稿的幫助，讓我們勾線時能瀟灑自如。請記得勾出閉合曲線，這可讓後續使用「參照」上色時不會塗出界。

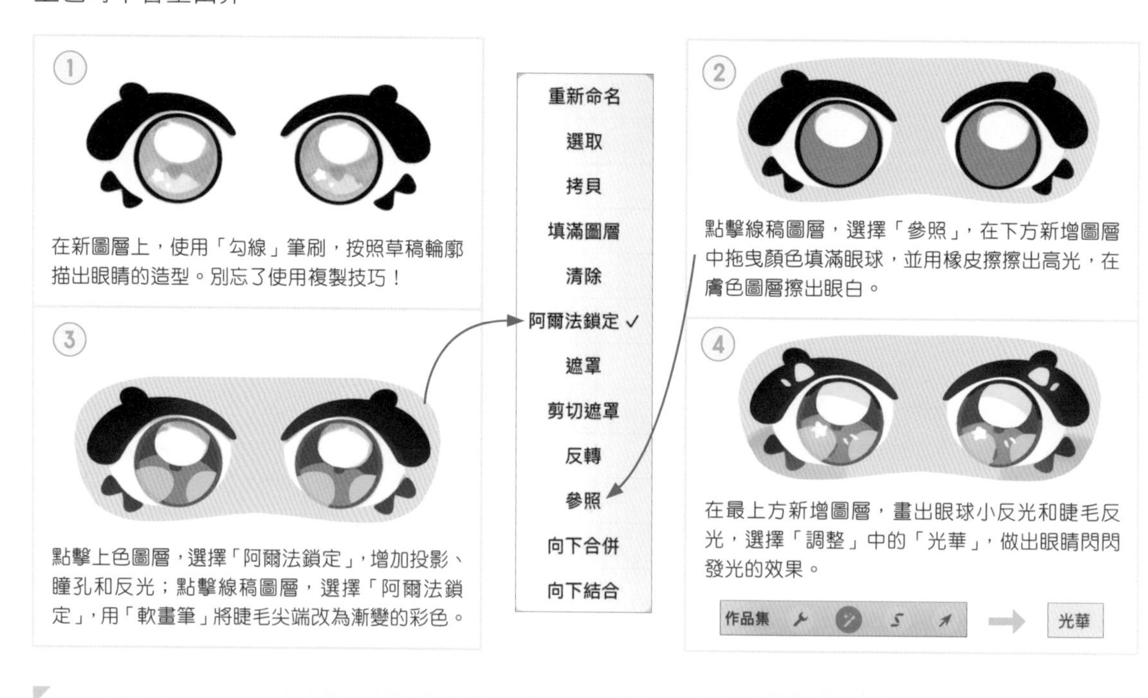

Procreate 小祕訣　使用圖層選項中的「阿爾法鎖定」，可以在不重畫的前提下修改圖形顏色。

一般鎖定方法：
點擊圖層，選擇「阿爾法鎖定」。

快速鎖定方法：
雙指右滑圖層。

眼尾與性格的關係

同樣是厚厚的上睫毛，眼尾角度不同，就會賦予人物不一樣的氣質，這樣的表現方法對男、女人物都適用。

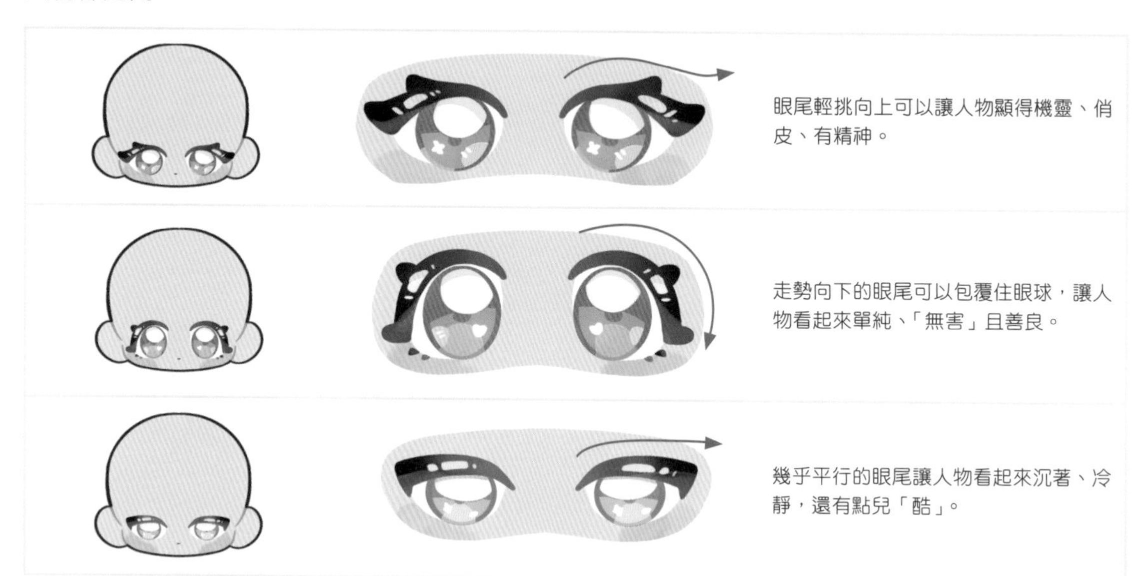

不同角度半側面的眼睛特點

不同角度半側面的眼睛，可以透過睫毛走勢和眼睛寬度的不同來表現。

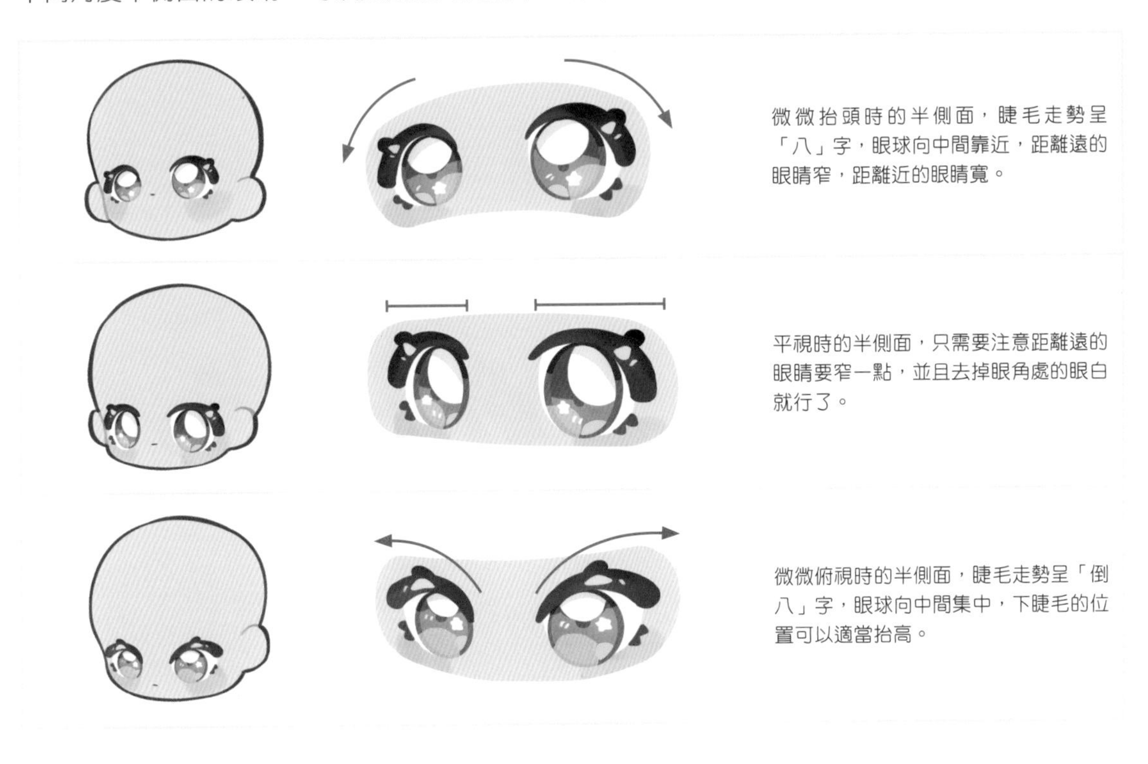

微微抬頭時的半側面，睫毛走勢呈「八」字，眼球向中間靠近，距離遠的眼睛窄，距離近的眼睛寬。

平視時的半側面，只需要注意距離遠的眼睛要窄一點，並且去掉眼角處的眼白就行了。

微微俯視時的半側面，睫毛走勢呈「倒八」字，眼球向中間集中，下睫毛的位置可以適當抬高。

眼睛的各類畫法與情緒表現

睫毛、眼球和高光的形狀都是可以改變的，用不同的排列組合可以畫出更多可愛的眼睛。此外，加上小圖案還能表現各種情緒。

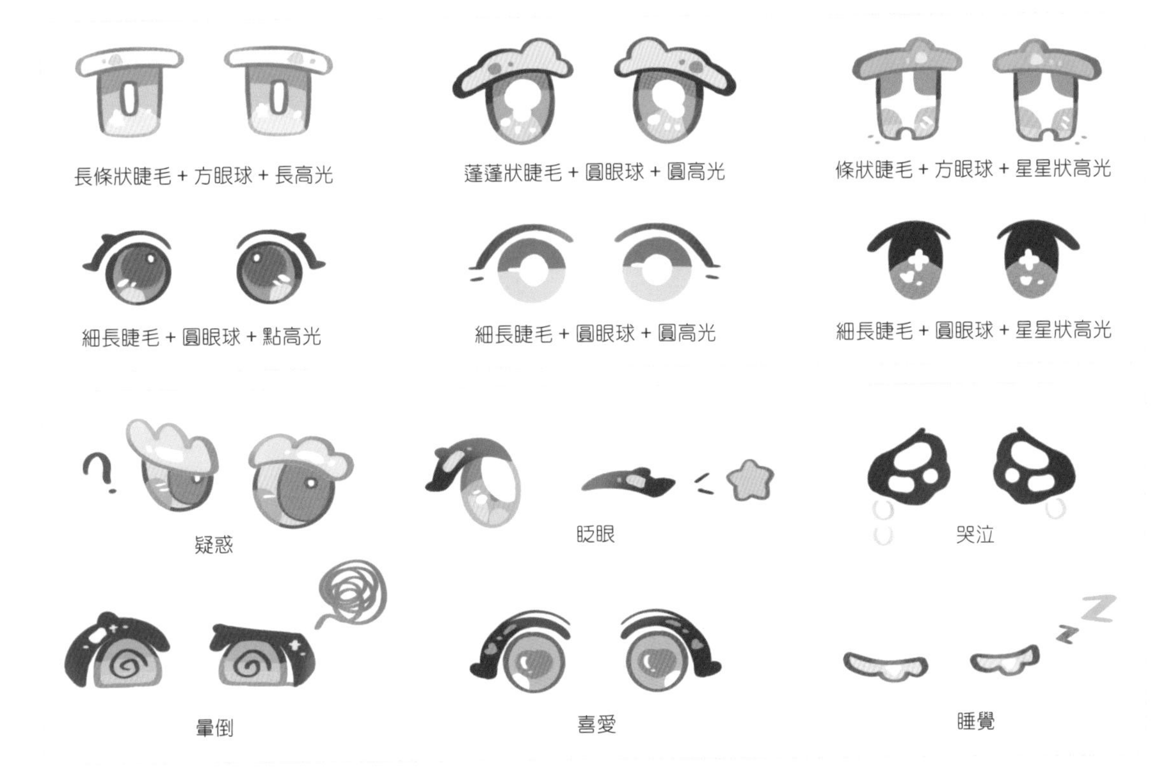

Lesson
3.3 眉毛繪製的小巧思

眉毛是輔助眼睛表達情緒的「小道具」，我們可以透過不同弧度的眉毛表達人物的喜怒哀樂。

眉毛的優勢

一雙平靜的眼睛，在添加下垂或上揚的眉毛後，就能表達出失落或驚喜的情緒。用手遮住下面眼睛中的一隻，來體會一下吧。

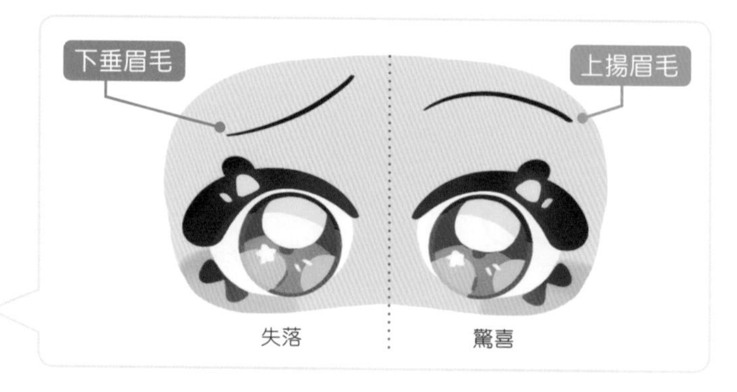

Procreate 小祕訣　手抖也不怕，運用「液化」來對線條進行調整。

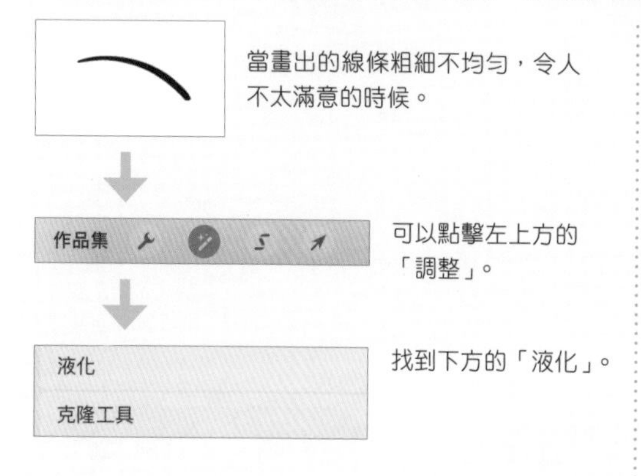

當畫出的線條粗細不均勻，令人不太滿意的時候。

可以點擊左上方的「調整」。

找到下方的「液化」。

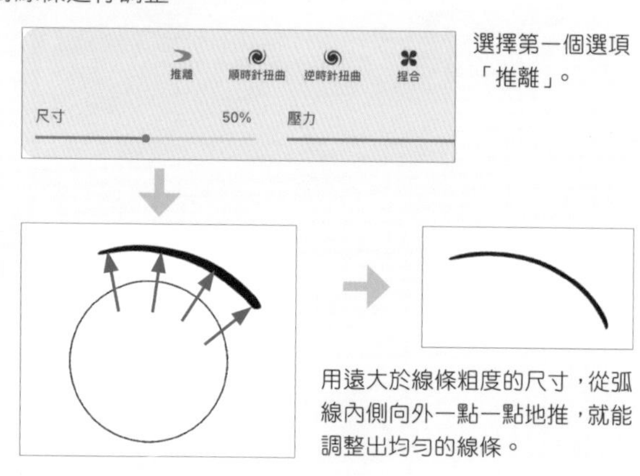

選擇第一個選項「推離」。

用遠大於線條粗度的尺寸，從弧線內側向外一點一點地推，就能調整出均勻的線條。

眉毛的類型

雖然眉毛只有簡單的幾條線，但可以配合眼睛表達不同的情緒，讓人物更加生動。

普通弧線的眉毛有「元氣」，使用頻率最高。

倒八字的「怒氣眉」。

粗眉，讓人物顯得更正直。

八字眉，常用於表現悲傷。

線條粗眉，用來表現「煩躁」。

圈圈眉，用來表現憂愁、糾結。

Lesson 3.4

嘴巴的形態

閉合的嘴巴會讓人物顯得拘謹，張開嘴巴就會有各種神態和表情，所以讓我們來學習常用的嘴巴形態吧！讓Q萌人物更有生命力與親和力。

嘴巴的要點

嘴巴的外形可以根據人物情緒來變化，但是上色時，固有色和陰影的搭配是不變的。一般來說，嘴巴在眼睛中線位置的人物更可愛。

Procreate 小祕訣　關於「編輯」的小延伸。

不管是畫閉合圖形，還是不閉合的曲線、折線，都能透過按住螢幕不放觸發介面頂部的［編輯形狀］，選擇不同的圖形選項可以得到不同數量的藍色點點來進行形狀編輯。

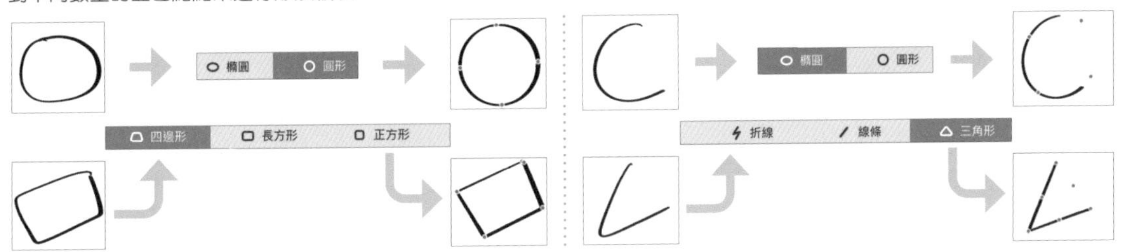

用嘴巴表現情緒

表達喜、怒、哀、愁時，嘴巴的形狀有以下幾種。

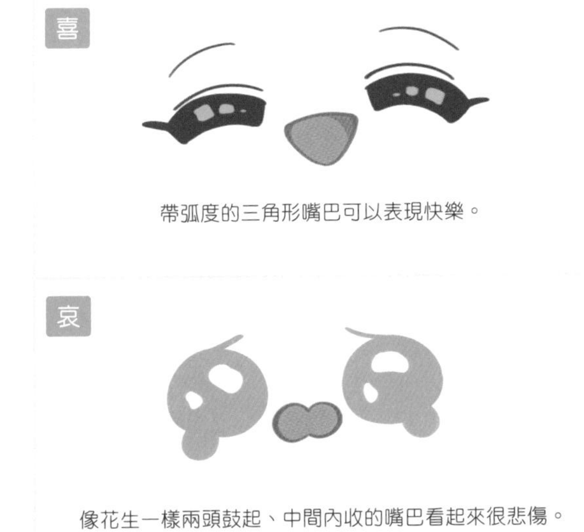

帶弧度的三角形嘴巴可以表現快樂。

像香腸一樣微微彎曲且有弧度的嘴巴，可以表現生氣或大喊的樣子。

像花生一樣兩頭鼓起、中間內收的嘴巴看起來很悲傷。

饅頭狀的嘴巴符合人物嘆氣時嘴巴微微張開的樣子。

Lesson 3.5

原來有這麼多種耳朵

除了正常樣式的耳朵，不同物種的耳朵可以增加人物個性和可愛度，讓畫面元素更豐富。

耳朵的要素

一般情況下，耳朵的高度與眼睛相似，且在同一水平線上。在 Q 萌人物的繪製過程中，耳朵常常被簡化或遮擋，甚至中間的結構線也可以省略。

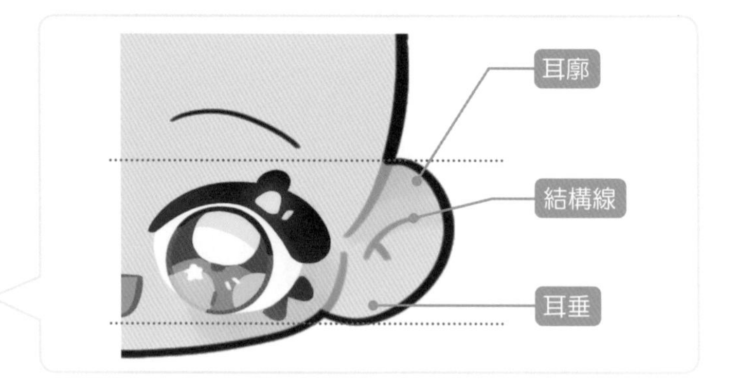

各角度下的耳朵

在仰視和俯視時，耳朵與眼睛的相對位置會發生變化。

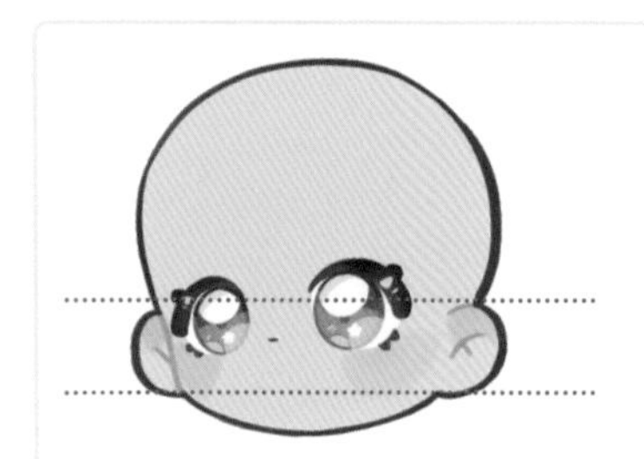

仰視時，耳朵頂點在眼睛頂點的下方。

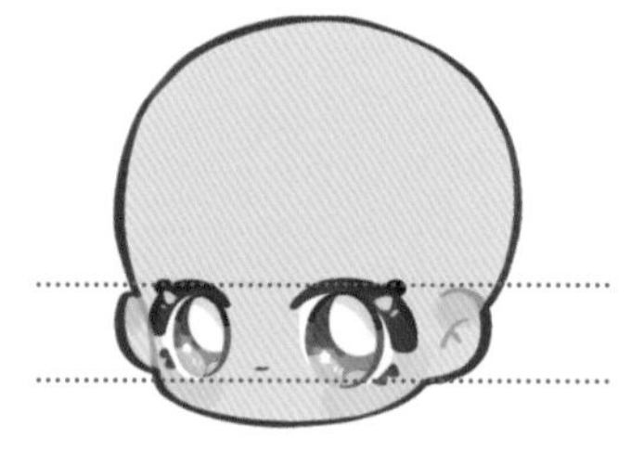

平視時，耳朵與眼睛的位置在同一水平線上。

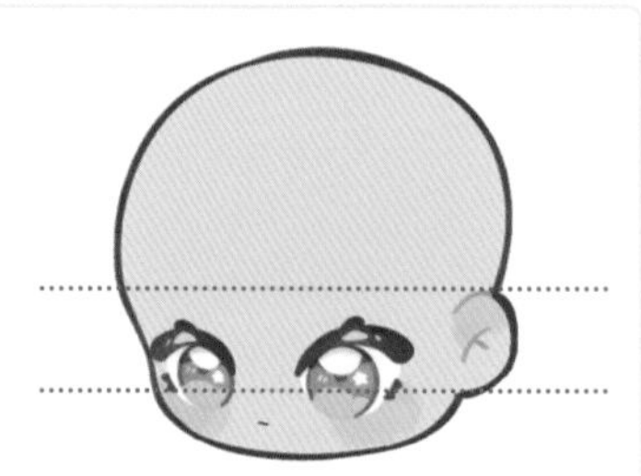

俯視時，耳朵頂點在眼睛頂點的上方。

不同物種的耳朵

不同物種的耳朵有尖耳、垂耳和立耳之分，它們的位置可以放置在頭部兩側或頭頂。繪畫時可以用對稱工具輔助。

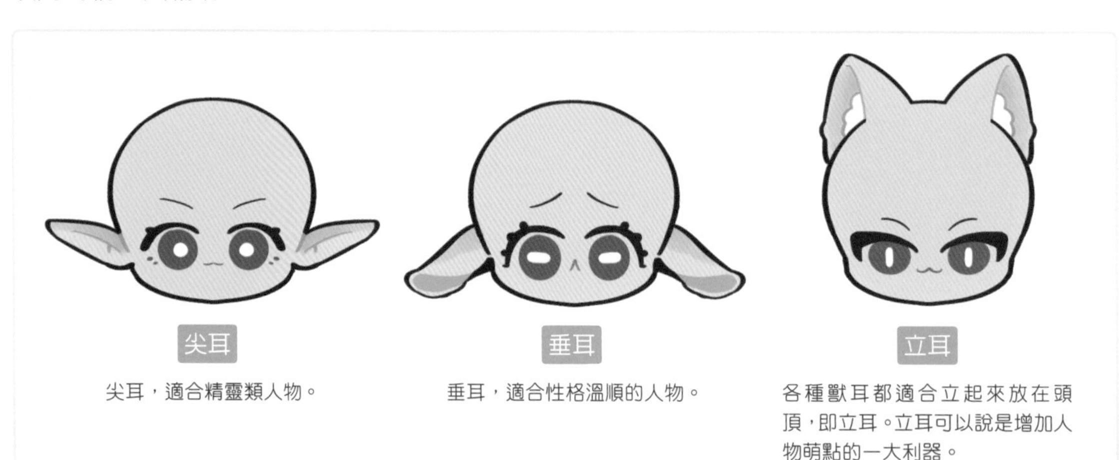

尖耳，適合精靈類人物。

垂耳，適合性格溫順的人物。

各種獸耳都適合立起來放在頭頂，即立耳。立耳可以說是增加人物萌點的一大利器。

Lesson
3.6

頭上有角

角是增加人物畫面豐富度的裝飾物，是補充人物設定的好選項，可以根據情況進行添加。

角的種類

常見的角有三種，位於頭部正中央的獨角、頭部兩側的獸角和兩隻眼睛上方的對角（對角可先畫一邊，再複製另一邊）。

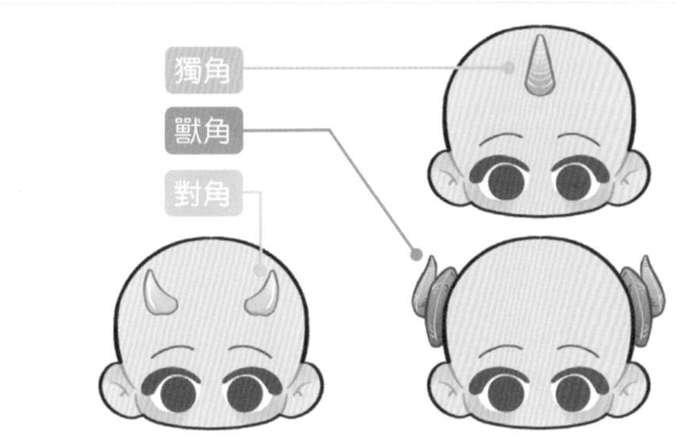

Procreate 小祕訣　用「剪切遮罩」或「自動選取」，分好圖層再上色，讓後續顏色修改更容易。

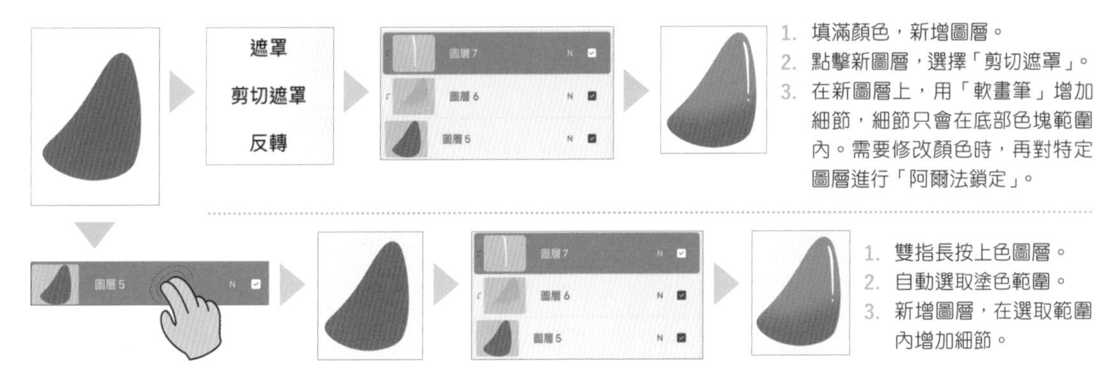

1. 填滿顏色，新增圖層。
2. 點擊新圖層，選擇「剪切遮罩」。
3. 在新圖層上，用「軟畫筆」增加細節，細節只會在底部色塊範圍內。需要修改顏色時，再對特定圖層進行「阿爾法鎖定」。

1. 雙指長按上色圖層。
2. 自動選取塗色範圍。
3. 新增圖層，在選取範圍內增加細節。

角的展示與繪製步驟

角是適合動物擬人或魔幻類人物主題的裝飾物，這裡整理一些角作為展示參考，並展示較為複雜的盤角畫法。

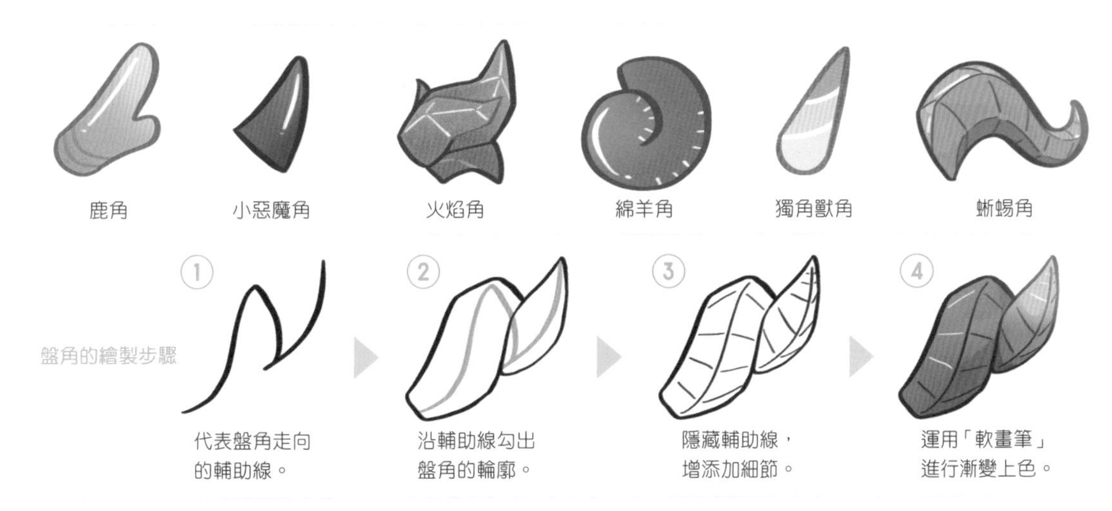

Lesson 3.7

搭配髮型來看看

有一頭蓬鬆的頭髮，才能組成一個可愛又完整的 Q 萌頭像，只要學會頭髮的繪製原理，就能舉一反三畫出各種髮型。

頭髮的走勢

頭髮是從頭頂的髮旋處向下覆蓋的，髮旋可以在頭頂，也可以在旁側，如果有「呆毛」立起，那就是髮旋所在的位置。同時區分前髮和後髮，可以讓頭像更立體。

Procreate 小祕訣　圖層逐漸增多時，可以運用「群組」和「捏合」幫助我們管理圖層。

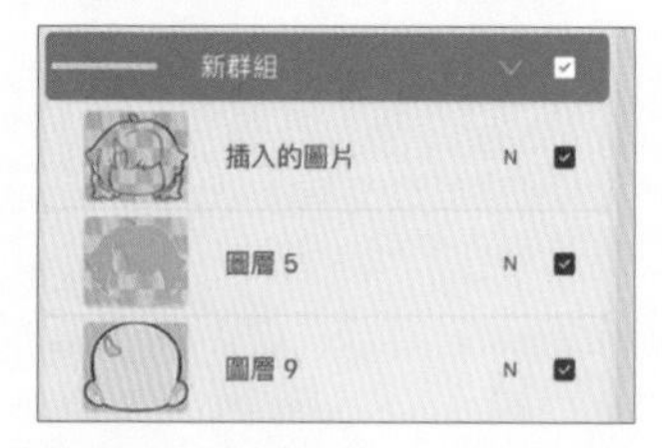

群組：
將眼睛、頭部、頭髮等分開整理成群組，可以避免因圖層太多帶來的混亂。需要整為一組的圖層向右滑動，在「圖層」右邊出現「群組」的時候，就可以把它們組在一起。

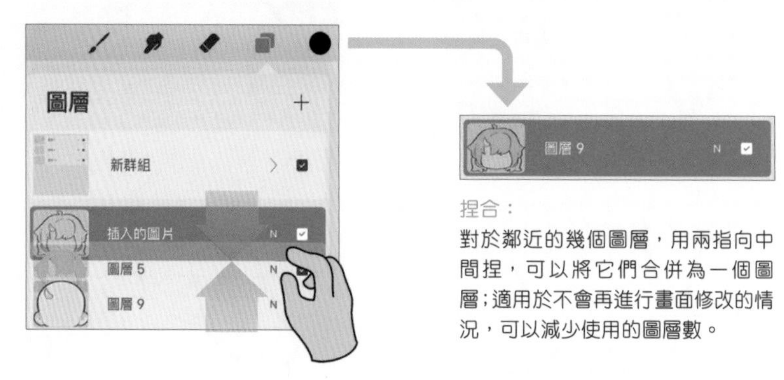

捏合：
對於鄰近的幾個圖層，用兩指向中間捏，可以將它們合併為一個圖層；適用於不會再進行畫面修改的情況，可以減少使用的圖層數。

頭髮的畫法

要順著頭型的輪廓形狀勾畫頭髮，注意頭髮輪廓與頭型輪廓中間要有一定的厚度，表現頭髮的蓬鬆感。

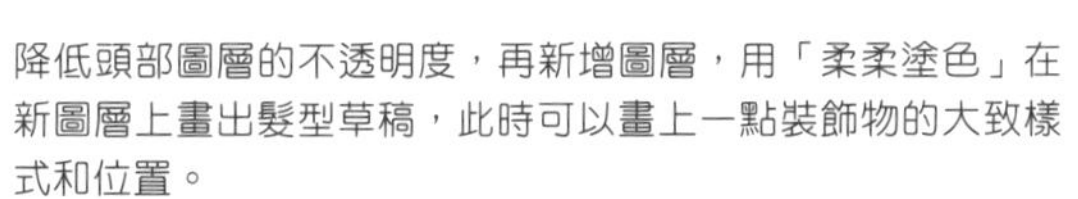

降低頭部圖層的不透明度，再新增圖層，用「柔柔塗色」在新圖層上畫出髮型草稿，此時可以畫上一點裝飾物的大致樣式和位置。

降低草稿圖層的不透明度，在新圖層上用「勾線」筆刷畫出前髮。

當髮型複雜時，可以再次新增圖層來畫後髮，這樣方便修改。本案例髮型難度中等，可以在同一圖層上繪製。

在線稿圖層下新增圖層，利用線稿「參照」功能，快速上底色。前髮和後髮的顏色可以分別塗在兩個圖層上。

分別對兩個髮色圖層進行阿爾法鎖定，用「軟畫筆」繪製顏色漸層，整體色調控制在黃、綠、藍這樣的鄰近色中。

為兩個髮色圖層分別建立剪切遮罩，畫上同色系的陰影和高光，並在臉部畫上頭髮下的陰影，整體上色就大致完成了。

鎖定線稿顏色，將內部所有線條的顏色調淺，讓畫面整體更和諧。在新增圖層中畫上髮夾和 OK 繃，再用裝飾筆刷增加花朵和菱形裝飾物。關於裝飾筆刷的製作會在第 9 章詳細講解。最後用白色的筆畫線條區分出前後關係，整體感就更強了。

常見髮型分析

這裡挑選幾種繪製頻率較高的髮型，說明在繪畫過程中需要注意的重點。

日常風

髮型簡單、清爽，可以參考生活中見到的髮型，也可以添加一點髮飾進行裝飾。

復古風

髮型前後關係明顯，需要分清圖層、建好群組，避免之後出現不好修改或者合併錯誤的情況。

魔幻潮流風

一些誇張的髮型和角的運用，能讓人物浮誇又美麗，可以參考各類雜誌漫畫或自己的想像，同時可以使用簡便的對稱方法來畫一些局部。同樣，注意要分清圖層。

展示頁

背景的波點效果可以在「調整→半色調→全彩」裡實現，大家可以試試！

進階學習 上半身篇

了解 Q 萌人物上半身的結構和一些服裝繪畫要點等，
透過適當的色彩搭配來掌握半身人物的表現方法。

Lesson
4.1

身體的繪畫重點

軀幹連接了頭部和四肢，使人物能表達日常生活的行為和動作，讓身體活動起來。首先來了解上半身的結構和畫法。

上半身的結構

上半身由手臂和連接手臂及頭部的軀幹組成，而軀幹由脖子、胸腔、腰部和骨盆組成。在 Q 萌人物的繪製中，我們可以簡化線條，將軀幹視為一個整體。

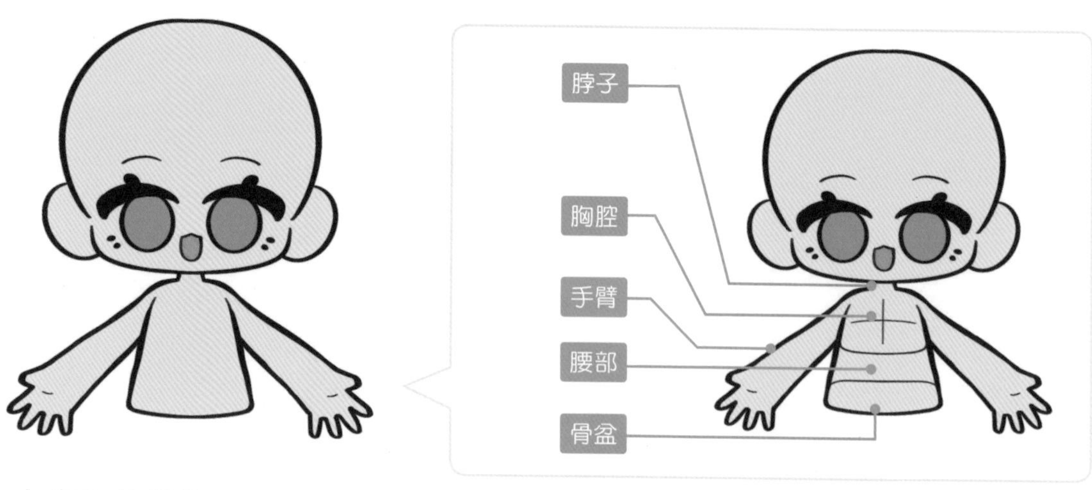

上半身的畫法

Q 萌人物的上半身高度占頭部的一半時，人物比例適中，對新手練習來說更容易。

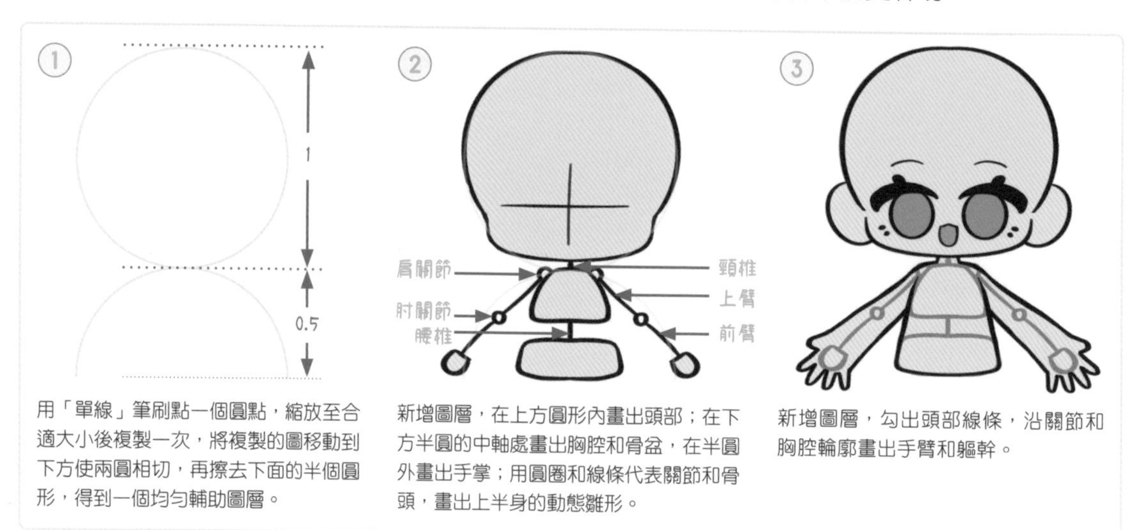

① 用「單線」筆刷點一個圓點，縮放至合適大小後複製一次，將複製的圖移動到下方使兩圓相切，再擦去下面的半個圓形，得到一個均勻輔助圖層。

② 新增圖層，在上方圓形內畫出頭部；在下方半圓的中軸處畫出胸腔和骨盆，在半圓外畫出手掌；用圓圈和線條代表關節和骨頭，畫出上半身的動態雛形。

③ 新增圖層，勾出頭部線條，沿關節和胸腔輪廓畫出手臂和軀幹。

Procreate 小祕訣　使用「2D 網格」來畫出準確的比例輔助圖層吧！

1. 點擊「操作」。
2. 選擇「畫布」。
3. 打開「繪圖參考線」，並點擊「編輯繪圖參考線」。
4. 選擇「2D 網格」。

這樣畫出的圓形就可以準確地擦去一半。

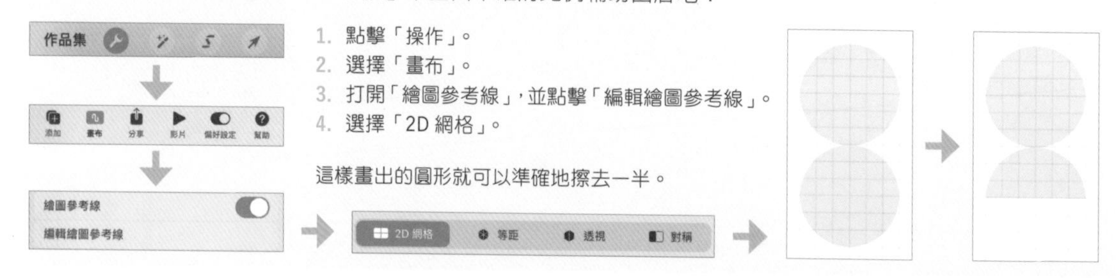

角度樣版

繪畫 Q 萌人物時不用誇張動態和肢體扭動，我們只需要掌握幾個簡單的角度，就幾乎能掌握所有畫面需求。

最常用的角度之一，可以用「對稱」工具來畫。

半側面的使用率也很高，注意前面上臂與軀幹有一處遮擋關係；腰部曲線內凹，讓人物 Q 萌之餘還有優美形體。

側面時，手臂會擋住軀幹的後半部分；如果強行畫出完整的軀幹，會使人物看起來非常臃腫。

可透過複製正面樣版，擦去面部細節即可得到背面，此時耳朵和上臂對頭部和軀幹均有遮擋關係。

Procreate 小祕訣　巧妙運用「三指下滑」，可以跨檔案複製樣版。

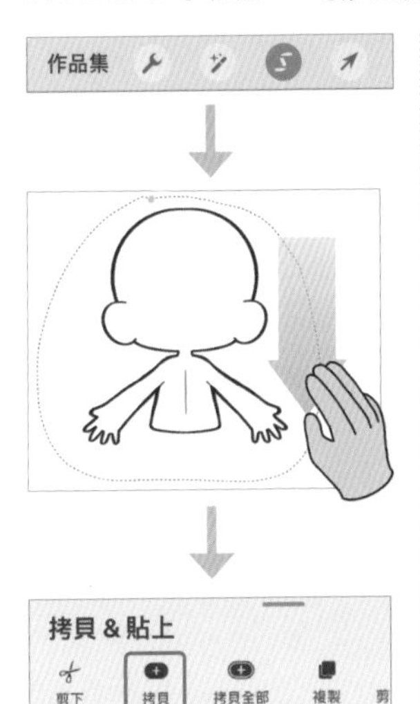

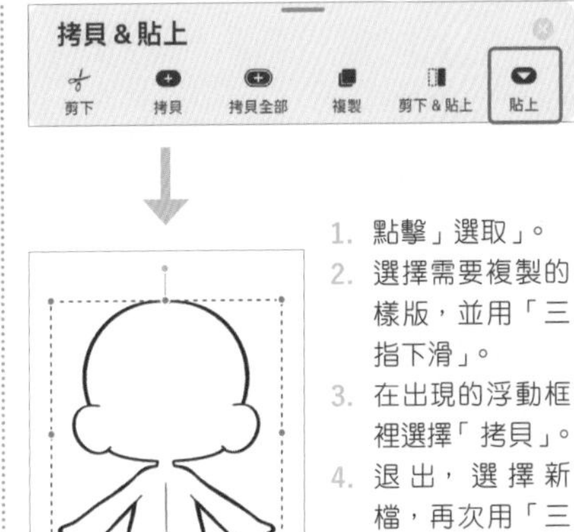

1. 點擊」選取」。
2. 選擇需要複製的樣版，並用「三指下滑」。
3. 在出現的浮動框裡選擇「拷貝」。
4. 退出，選擇新檔，再次用「三指下滑」，選擇「貼上」。

這樣，樣版就能透過複製來多次使用了。

為上半身畫重點

了解上半身的畫法後，讓我們針對能讓畫面更出色的細節進行深入學習。

手部

手部動作蘊含著很多肢體語言。

軀幹

軀幹可以展現身材的差異。

背部裝飾

常用且效果很好的背部裝飾是各種翅膀，不過側面表現較弱，可以替換為各種背包。

Lesson 4.2

手型與動作

雖然 Q 萌人物較正確比例人物簡化了很多，但了解人物的運動原理和基礎結構，能讓我們的人物畫面簡化得自然、無違和感。

手臂結構

手臂是由粗一點兒的上臂和細一點兒的前臂透過肘關節連接組成的；兩段手臂長度相當，可以繞關節轉動；前臂末端連接的是手掌。

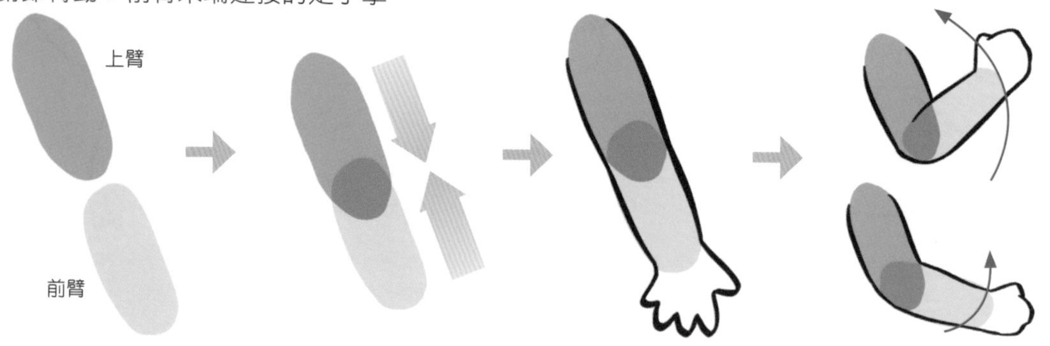

在兩個圖層上分別畫出兩段手臂，將其中一個圖層模式改為「色彩增值」。

將兩段手臂相對重合，重合處就是肘關節的位置。

新增圖層，沿輪廓就能勾出一條 Q 萌、有肉感的手臂。

旋轉前臂可以得到不同姿勢的手臂形態。

手部畫法

手部是由手掌和 5 根手指組成的，可以透過不同簡化手指的方式畫出各種類型的 Q 萌小手。

大拇指位置靠邊，其餘 4 根手指沿手掌弧度均勻排列；再新增圖層，勾出手掌輪廓；在下方圖層中塗上顏色即可。

不同簡化手指的方式

動畫片人物有時會簡化手指結構，如圖中的 4 根手指或圓手。

縮短手指

只畫出大拇指

圓手

手部動作

正面的手掌可以看作一個圓形，轉到側面時稍微壓扁，背面時則更像一個圓角矩形。

勝利手勢　舞蹈手勢　指向前方手勢

Procreate 小祕訣　使用「參照」功能。

1. 點擊「操作」。
2. 選擇「畫布」。
3. 打開「參照」。
4. 點擊「圖像」中的「匯入圖像」。

這樣就可以將圖片放在一旁進行參考了。

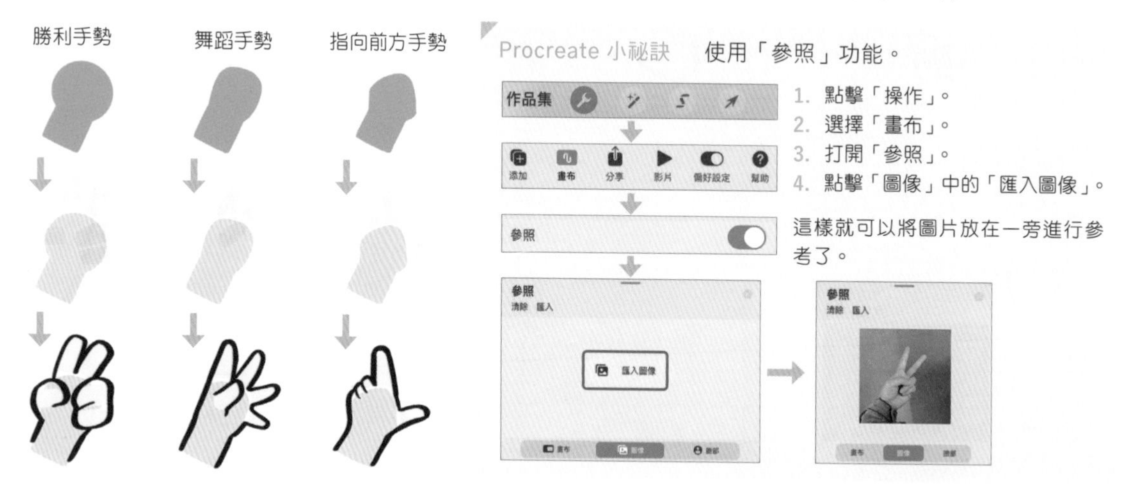

手部動作合集

這裡提供抓、拿、握、指等動作，因為使用率較高，大家可以多加練習。

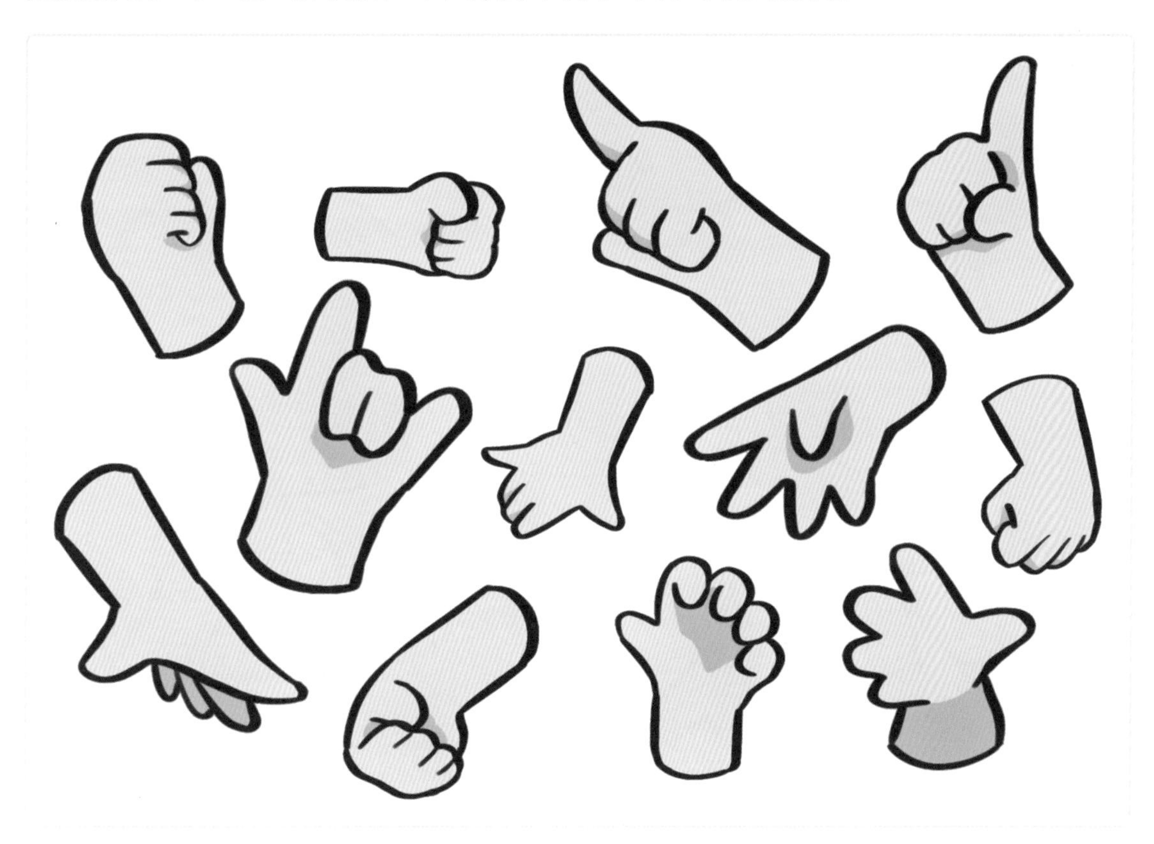

手部拿道具

手部拿道具可以增加畫面的故事性和趣味性，更多手部動作可以透過拍攝自己的手部照片來領悟。

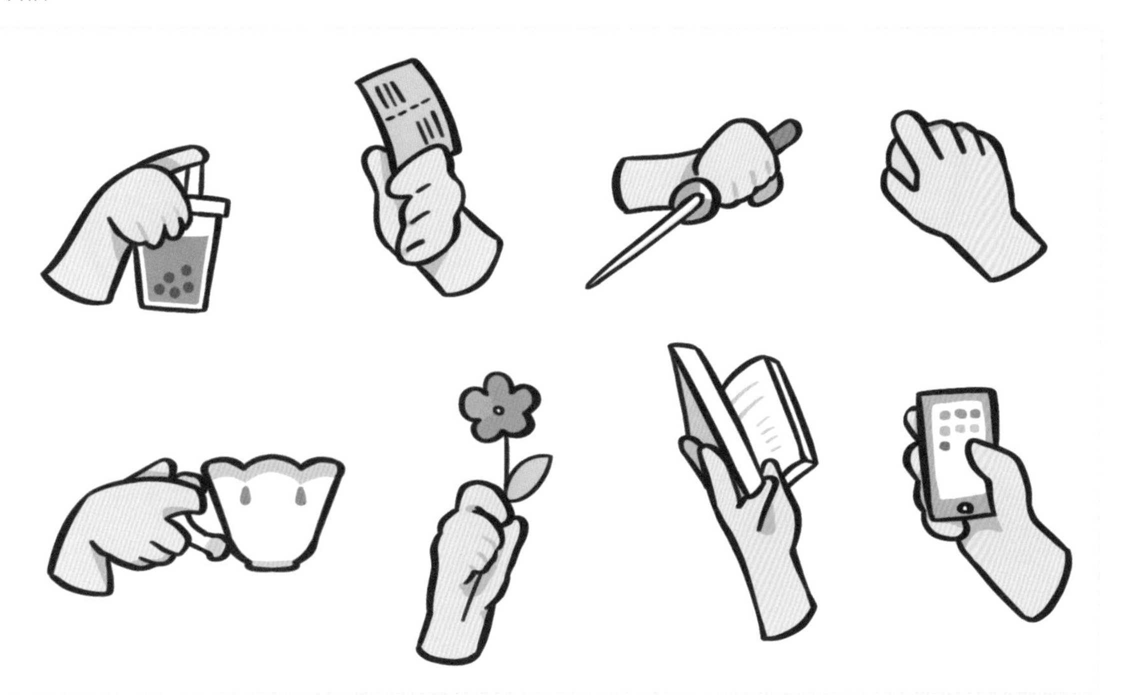

Lesson
4.3 關於軀幹的設計

我們可以透過軀幹的形狀曲線，來呈現 Q 萌人物的身型，做到簡化但有細節。

纖細女性

胸部線條較為平緩，腰部線條轉折弧度較小，肩膀線條「圓潤」，手指向外延伸，有嬌俏感。

豐滿女性

胸部線條隆起，腰部線條轉折明確，肩膀線條圓潤，手指向外延伸。

單薄男性

軀幹線條基本是兩側角度稍微向內傾斜的直線，肩膀線條轉折較女性更為俐落一些，手指內扣，表現穩重的人物性格。

強壯男性

胸肌和背肌發達的男性，胸部線條和腰部線條轉折更為明確，肩膀線條轉折也更清晰，手部握拳表現力量感。

Lesson 4.4

背部也要裝飾物

由於髮型原因，背部常常被遮擋，但如果畫面允許，我們不妨為其添加一些裝飾物，讓畫面更加豐富。

常用裝飾物是翅膀

翅膀大而具有「包覆感」，可以完美裝飾人物背部。它通常位於肩胛骨處，即兩隻手臂與軀幹相交處的水平線上，呈左右對稱狀。

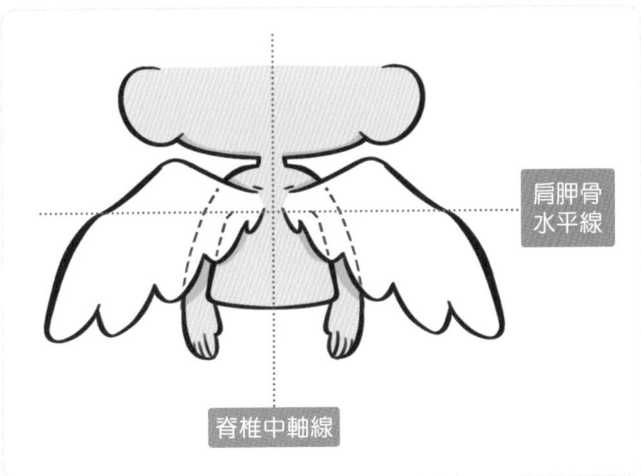

角度樣版

不管是天使、惡魔還是昆蟲、鳥類的翅膀，都可以運用此角度樣版，根據實際需求，在角度樣版基礎上進行放大、縮小或伸展即可。也可根據自己生活中的觀察和練習自製角度樣版。

裝飾物展示

翅膀、背包、蝴蝶結等都是很好的背部裝飾物，發揮想像力的同時多觀察生活，可以找到更多好看的背部裝飾物。

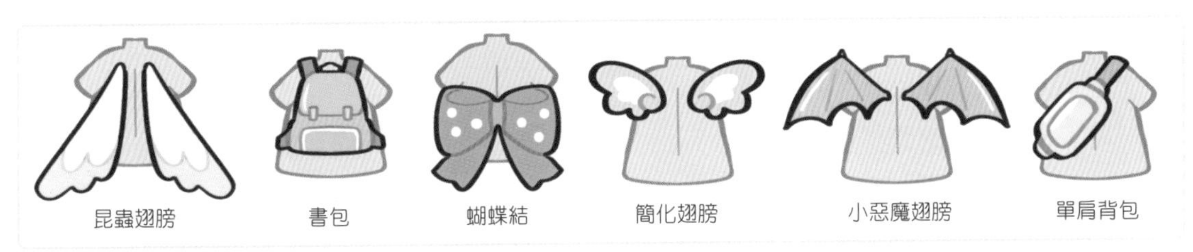

Lesson **4.5**

服裝讓人物更完整

繪畫時，薄款和厚款的服裝特點各不相同，我們只要先將身體畫出來，再根據形體畫出服裝，就可以讓服裝更合身。

薄款貼身服裝

除花邊外，其餘布料均緊貼身體輪廓，基本上無皺褶，表現貼身的狀態。

薄款服裝

薄款服裝的肩部緊貼身體輪廓，袖子和下擺可比身體寬度稍寬。有弧度的線條表現輕柔的服裝材質，筆直的線條表現筆挺、偏硬的服裝材質。

厚款服裝

袖口和下擺的線條圓潤，收口平滑，且比身體寬度稍寬，可以表現服裝的厚度，若是採用拼色和材質混搭的方式能讓細節更豐富。

不同領結裝飾類型

假領、褶皺領（Ruff）、交領等不同領子類型都是很好的細節裝飾元素。

不同肩部裝飾類型

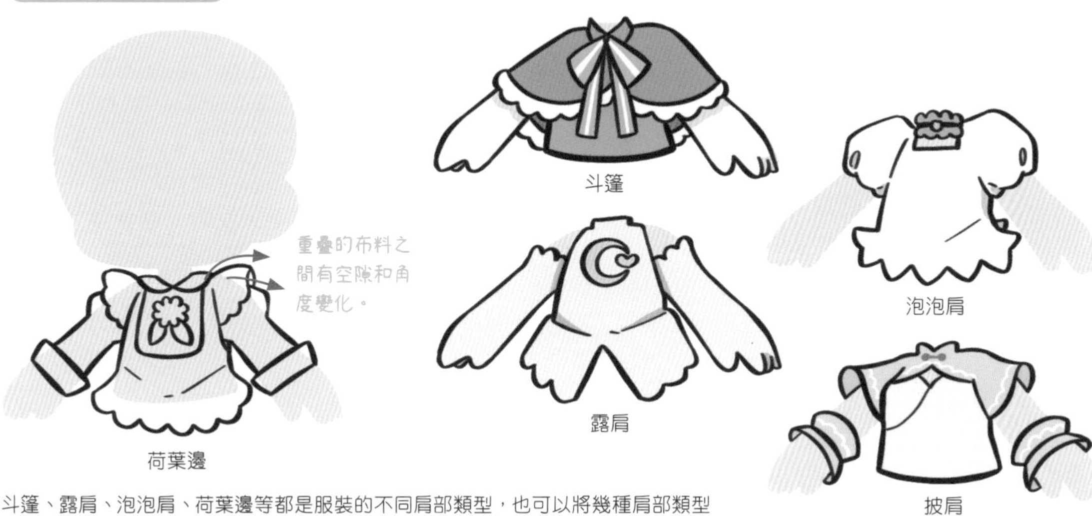

斗篷、露肩、泡泡肩、荷葉邊等都是服裝的不同肩部類型，也可以將幾種肩部類型結合在一起畫出女僕裝。

不同袖子類型

泡泡袖、拼接袖、羽絨外套袖或是棉服外套毛袖，都是生活中常見的袖子類型，打開衣櫃，就能啟發繪畫新靈感。

Lesson
4.6

增加整體性的加分項

統一的色調和服裝搭配可以增加畫面的整體性和協調感，甚至表達人物性格和畫面風格。

校園風

配色參考

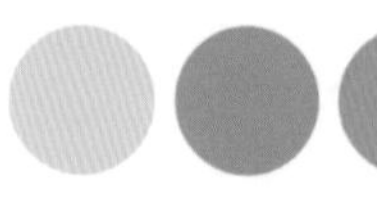
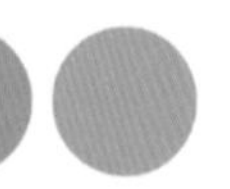

校園風使用頻率較高的就是水手服的紅、藍配色和低調的棕色系髮色。

服裝搭配

水手服是最常見的服裝之一，為了避免單調和俗套，可以添加領結和髮飾等裝飾物，這些裝飾物的顏色需明亮，造型可以有主題，例如水果造型的髮飾，能讓人物變得獨特起來。

動作和表情

動作軟萌、可愛，表情元氣滿滿，可以參考生活中的各種可愛三連拍。

甜美蘿麗塔

配色參考

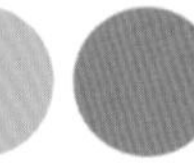

可以使用高明度、低飽和度的鄰近色作為主體色調，膚色偏白，更有華麗的感覺。

服裝搭配

通常搭配細節繁複的荷葉邊帽子和寬鬆、飄逸的蕾絲邊裝飾，內縮的腰部可以更顯身材，同時顏色不宜太花俏，否則會失去端莊的氣質。

動作和表情

動作大方、端莊，表情明朗。

混搭「潮酷」

配色參考

撞色的運用能讓畫面顯得更加特別，同時搭配深色皮膚能讓人眼前一亮。

服裝搭配

耳機是不錯的潮流單品，服裝可以採用混搭疊穿的方式，一些適當的條狀配飾可以增強時尚度。

動作和表情

姿態灑脱、隨性，手部動作可以有各種變化，也可以拿著道具。表情調皮、自信，眼睛高光的形狀根據畫面進行改變，讓整體畫面呈現一種自由、瀟灑的狀態。

素雅復古風

配色參考

除了隆重的場合會用鮮豔的顏色搭配，通常情況下還是以低飽和度的素色為主，細化時搭配一些同色系的水紋、雲紋就會有不錯的效果。此時眼睛可以選擇服裝對比色進行色彩平衡。

服裝搭配

漢服根據朝代不同有圓領、交領之分，袖子也有廣袖、窄袖、琵琶袖等分類。抱著嚴謹的心態，也可以找真實的衣服來參考。

動作和表情

復古風的人物表情多為微笑、輕輕皺眉的含蓄姿態，但在 Q 萌人物的繪製中，我們可以做誇張處理，讓人物的表情更鮮明一些，這樣人物也會更生動。

展示頁

人物的描邊在「調整→光華」裡完成。

先在人物圖層群組下設定有色背景，再滑動螢幕將「光華」數值調到 80% 以上，降低「過渡」和「尺寸」數值，將「燃燒」數值調到最大。

你也可以畫出 Q 萌全身

學習 Q 萌人物的比例和腿、腳畫法，
掌握不同透視角度，
你也可以輕鬆畫出各種造型、動作的可愛人物！

Lesson 5.1

比例與萌感

以頭長作為衡量單位，是判斷人體比例的常規方法。在 Q 萌人物繪畫中，頭身比較小時，人物會更加可愛。

常見的比例

人物站立時，頭身比通常為 1.5、2、2.5，這三種比例會呈現不同的萌感，其中 2 頭身繪製頻率較高。

1.5 頭身四肢最簡化，畫起來難度最低；整體更加軟萌，也更能突顯臉部的可愛。

2 頭身能清晰、明確表現四肢，在軟萌的基礎上可以做出更多動作。

2.5 頭身在 Q 萌人物繪畫中更偏向真實比例，可以賦予人物酷酷的氣質。

軀幹與腿的比例

1.5 頭身時，軀幹稍長，腿較短。

2 頭身時，軀幹與腿的比例基本一致。

2.5 頭身時，軀幹較短，腿較長。

全身畫法

以微微扭頭的 2 頭身人物為例，先確定比例，再用線條和圓圈代表四肢及關節，擺出人物動作，最後根據關節畫出人物造型。

①

用「單線」筆刷點一個圓點，縮放至合適大小後複製一次，將複製的圓移動到下方使兩圓相切，可得到一個 2 頭身比例輔助圖層。

②

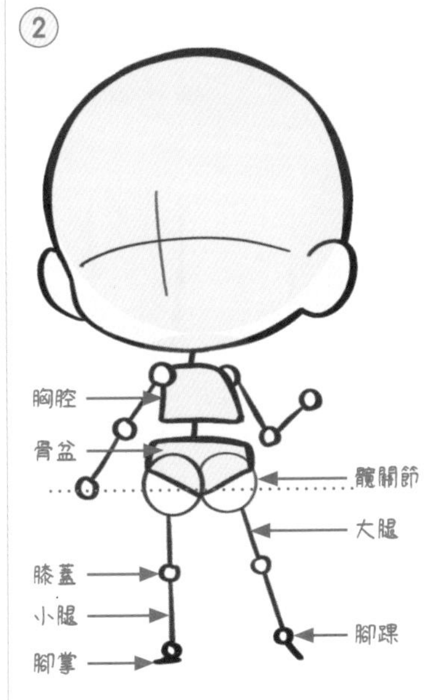

新增圖層，在上圓裡畫出頭部；在下圓的上半部畫出胸腔、骨盆、雙臂，下半部畫出雙腿。

③

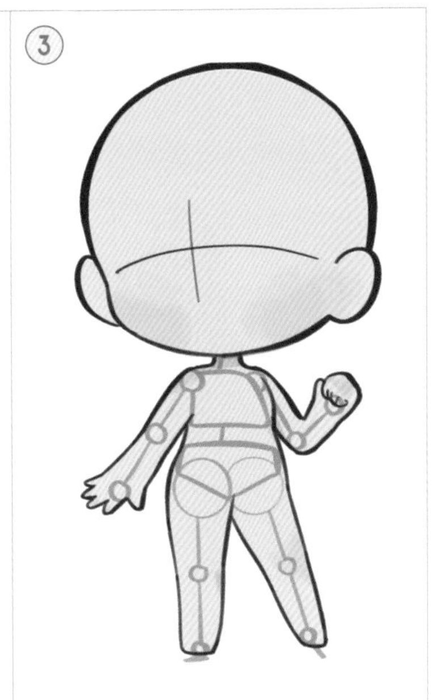

降低骨架圖層的不透明度，在新增圖層裡緊貼骨架結構，勾出人體線稿，在線稿圖層下方新增圖層，進行上色，這樣一個全身人物就畫好了。

背面

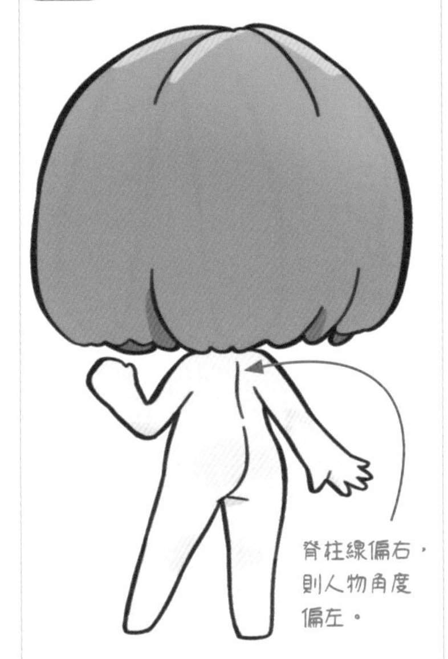

畫人物背面時，在背部中間畫一條脊柱線表示身體結構，同時透過脊柱線的偏向和起伏，暗示人物的方向。

臉部正面

扭頭動作時，臉部為正面，則身體為半側面，後方手臂被遮擋一些，腰部和臀部輪廓線較為清晰。

臉部半側

臉部半側時，身體幾乎全側，後方手臂被遮擋大半，腰部和臀部也被前方手臂遮擋一些。

Lesson
5.2

腿部畫法與萌感的搭配

簡化的 Q 萌腿部也有多種畫法，透過與人物比例的適當搭配，能讓人物可愛度翻倍。

腿部的畫法

腿部是由粗壯一點的大腿和細長一點的小腿由膝蓋連接組成的；兩段腿部可以繞著關節轉動；小腿末端連接的是腳掌。

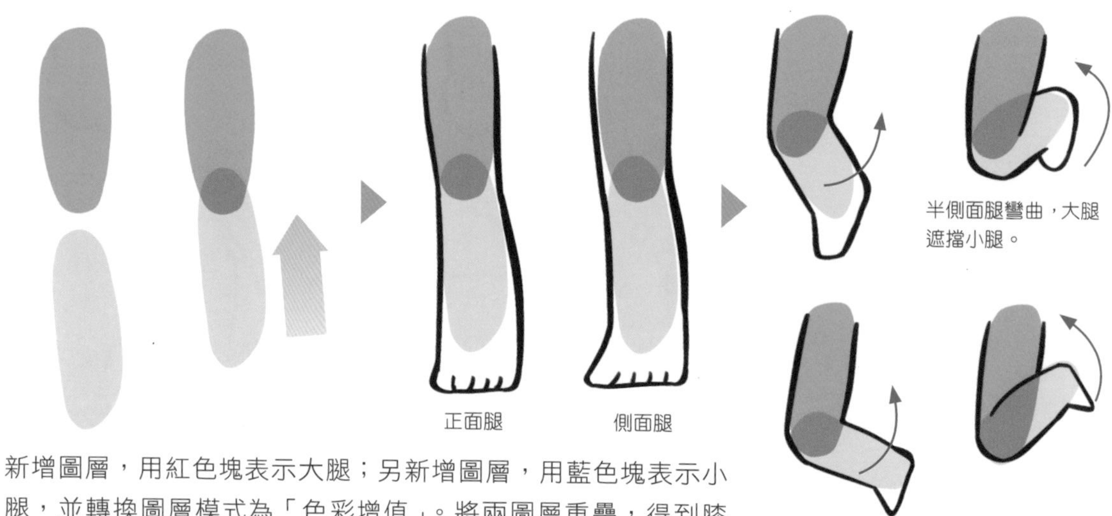

新增圖層，用紅色塊表示大腿；另新增圖層，用藍色塊表示小腿，並轉換圖層模式為「色彩增值」。將兩圖層重疊，得到膝蓋的位置，沿兩色塊邊緣勾出腿部線條即可。

側面腿彎曲，小腿遮擋大腿。

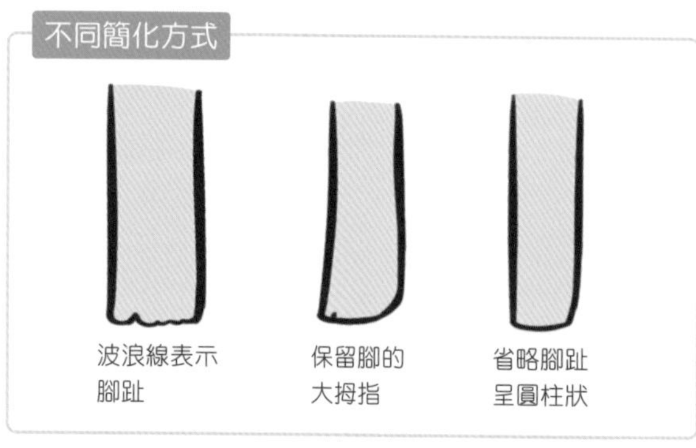

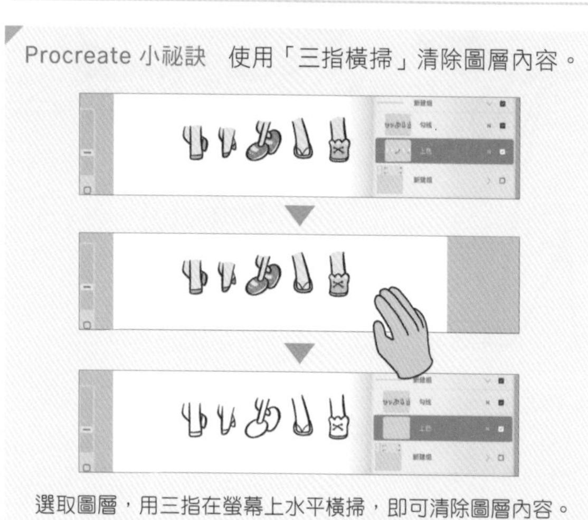
Procreate 小祕訣　使用「三指橫掃」清除圖層內容。

選取圖層，用三指在螢幕上水平橫掃，即可清除圖層內容。

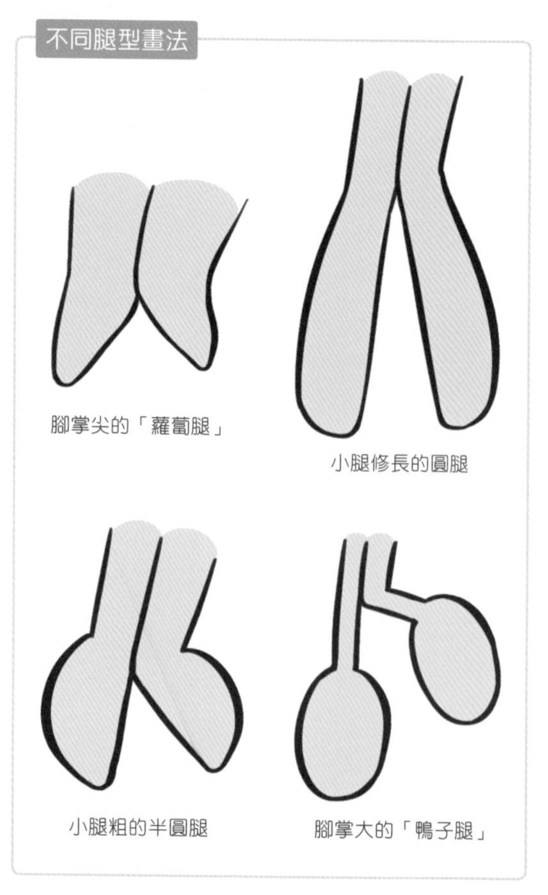

腿型與頭身比搭配參考

越長的腿型搭配頭身比越大的人物效果越好；反之，越簡化、越小巧的腿型搭配頭身比越小的人物會越可愛。

全身人物穿鞋法

腿型內部加線條表示鞋子。

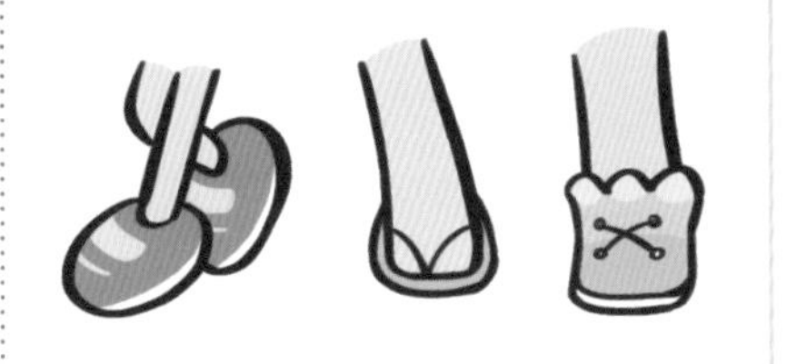

腿型外部畫出鞋子款式。

1.5 頭身搭配腳掌尖的蘿蔔腿，弱化四肢，可以畫更多服飾和裝飾物。

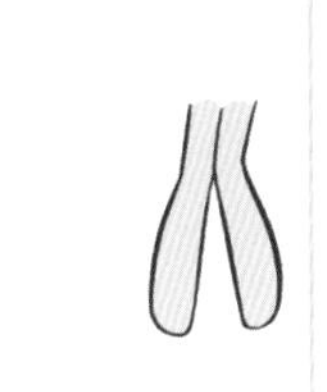

2.5 頭身搭配細長腿，縮短上身，拉長腿部，增加酷酷的氣質。

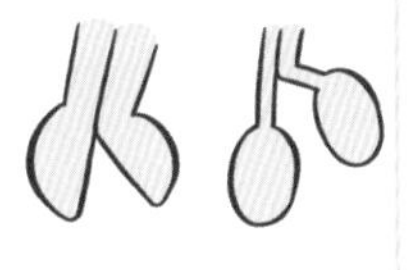

2 頭身搭配小腿粗粗的半圓腿，可使得整體增加萌點。

搭配腳掌大大的鴨子腿時，細細的腿部使人物更加古靈精怪。

Lesson 5.3

讓人物「動」起來

運用骨架分析，畫出人物大致動態，可以讓人物做出多種造型，加上髮型和衣物能讓人物更生動。

對稱跳躍

以左右對稱的形式將手臂和腿部向上延伸，可畫出人物跳起來的動作。

羞澀笑容

重心在人物左側（讀者右側），用簡單的線條大致畫出捂嘴的姿勢，五官靠頭部下方。

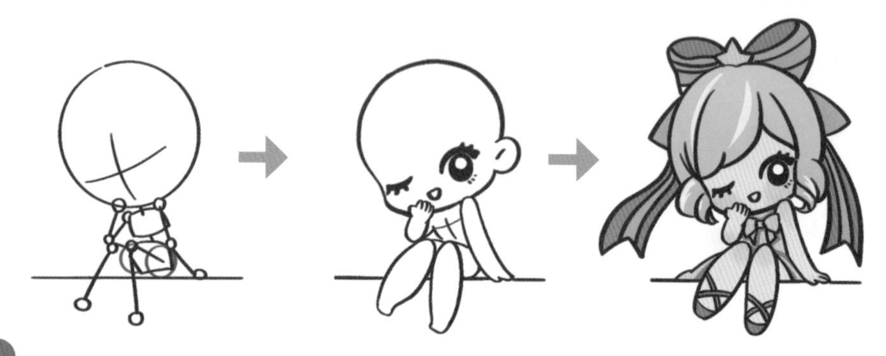

伸懶腰

一條腿彎曲，另一條腿伸展，手臂向後，描繪放鬆的感覺。

蹲坐

一隻手向前伸展比雙手抱膝更生動，五官根據人物重心走向而靠頭部下方。

身體前傾

趴著

單腿站立

用這種方法可以輕鬆畫出蹲、站、跑、跳等各種動作。注意在畫大動作時，手和身體分開，不要重疊，這樣人物表現力更強。

托腮側臥

行走側面

背面轉頭

開心

期待

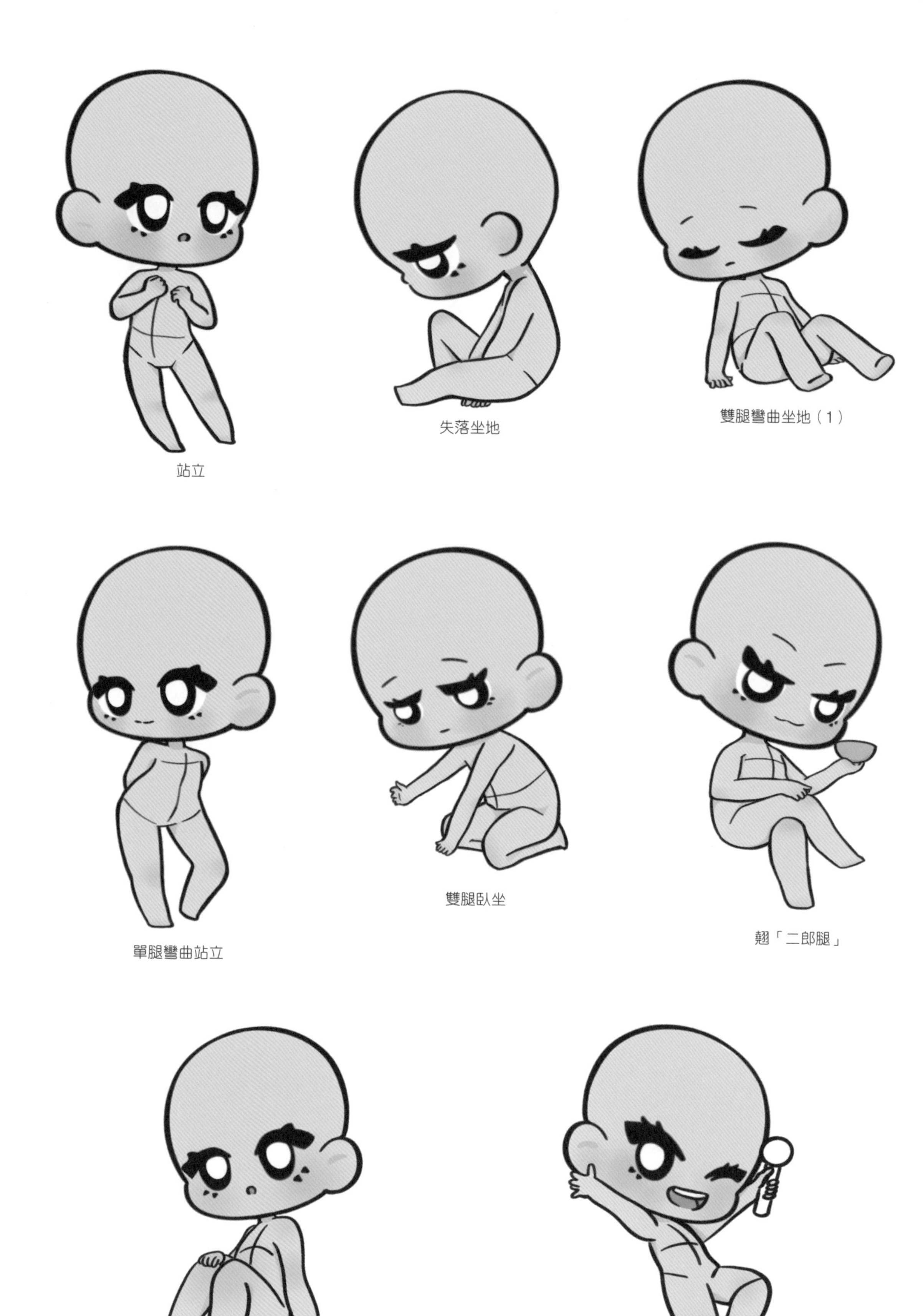
站立
失落坐地
雙腿彎曲坐地（1）
單腿彎曲站立
雙腿臥坐
翹「二郎腿」
雙腿彎曲坐地（2）
向上蹦跳

展示頁

根據人物動作，為素體添加髮型、髮飾和服裝。還可以在周圍加上愛心、氣泡等元素，增添氛圍感。

Lesson
5.4 不同角度的人物

角度不同，透視也不同，掌握透視變化可以畫出不同角度的人物。

俯視

俯視人物上大下小，向下逐漸縮小。頭部誇張放大，身體、腿、腳也要依次縮小。

仰視

仰視人物上小下大，向下逐漸放大。靠上頭部小，越向下越擴大。

Procreate 小祕訣　打開「參照」，放大畫面也能看到全域。

作品集

1. 點擊左上方的「操作」。

添加　畫布　分享　影片　偏好設定　幫助

2. 選擇「畫布」。

參照

3. 打開「參照」。

放大畫面來描繪細節的同時也可看到整體，縱觀全域。

透視規則為：近高遠低、前大後小。越靠近視線的物體越大，越遠離視線的物體越小，形成一種縱深感。

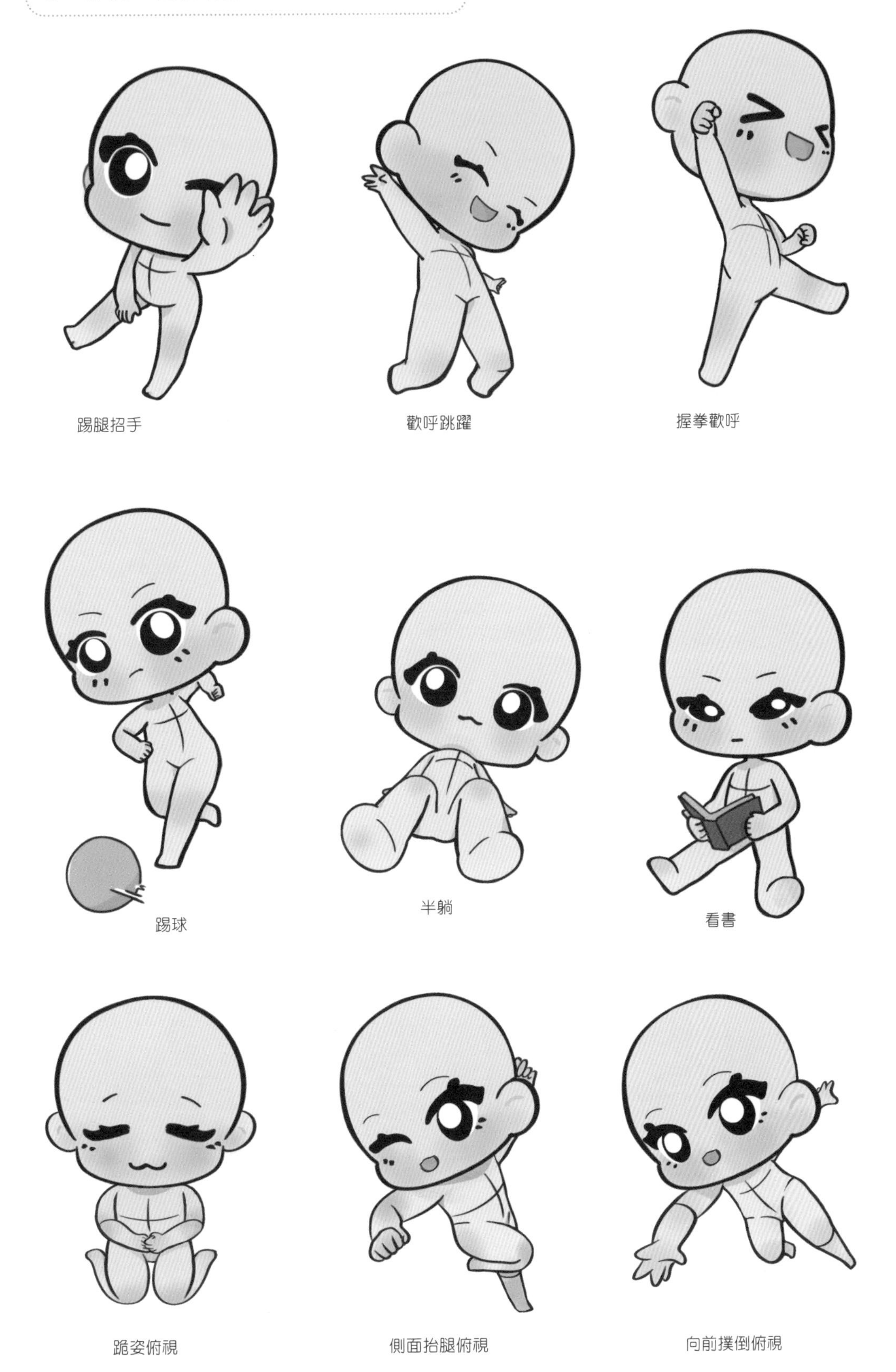

踢腿招手

歡呼跳躍

握拳歡呼

踢球

半躺

看書

跪姿俯視

側面抬腿俯視

向前撲倒俯視

向上躍俯視

抬腿俯視

練武術

蹲馬步

向前撲

坐著招手

仰視人物，從下向上看，物體越往上越小，所以頭部較小，手腳擴大。人物嘴巴也要適當的偏上。

側轉回頭

人物的左腿、左手靠前，則要放大。

騎掃把

開心貼近

摸摸頭

聊天

安慰

快看

感情好

展示頁

將細節「拉滿」的配飾

「人靠衣裝」，人物的穿著搭配，
從髮型、髮飾、妝容到鞋子配件等，
不僅能展現所創作人物的形象風格，
還能達到豐富細節、吸引目光的作用。

Lesson
6.1 頭頂的帽子

各類帽子能表現季節和人物特徵，有修飾頭部和髮型的作用，需注意帽子與頭部的關係不是簡單貼在頭頂，而是「戴」在頭頂。

貝雷帽

貝雷帽是扁圓形的，「戴」在頭部靠後向上的位置。注意貝雷帽與頭部的位置關係，正面貝雷帽貼合頭部形成月牙形。

從側面看，貝雷帽在頭部靠後向上的位置，貝雷帽和後腦勺並非貼合在一起，而是其外輪廓稍大頭頂一圈。

棒球帽

棒球帽幾乎貼合頭髮，適當地歪斜一點，人物會更加生動、形象鮮明。

棒球帽貼合頭髮，緊貼頭髮才會「戴」在頭頂的效果。前方「鴨舌」的部分稍微側一些。

毛線帽

毛線帽適合冬季搭配，形狀蓬鬆且較厚，比頭部稍大。

毛線帽為對稱結構，占整個頭部大約二分之一。毛線帽上邊緣高於頭頂。

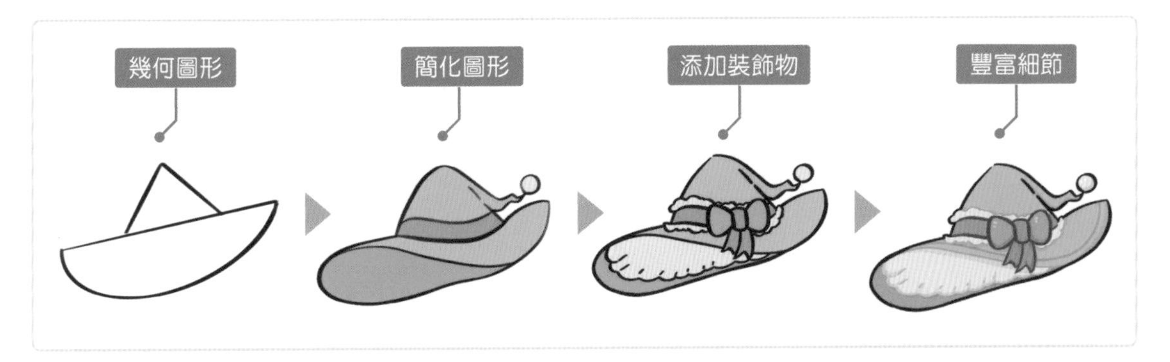
幾何圖形
簡化圖形
添加裝飾物
豐富細節

創作元素

Lesson 6.2 臉部的飾品

臉部的飾品可以展現人物的職業和個性化形象，如眼鏡等。

眼睛

加上眼鏡更有氛圍感，如果再搭配一本書就會有書卷氣息。

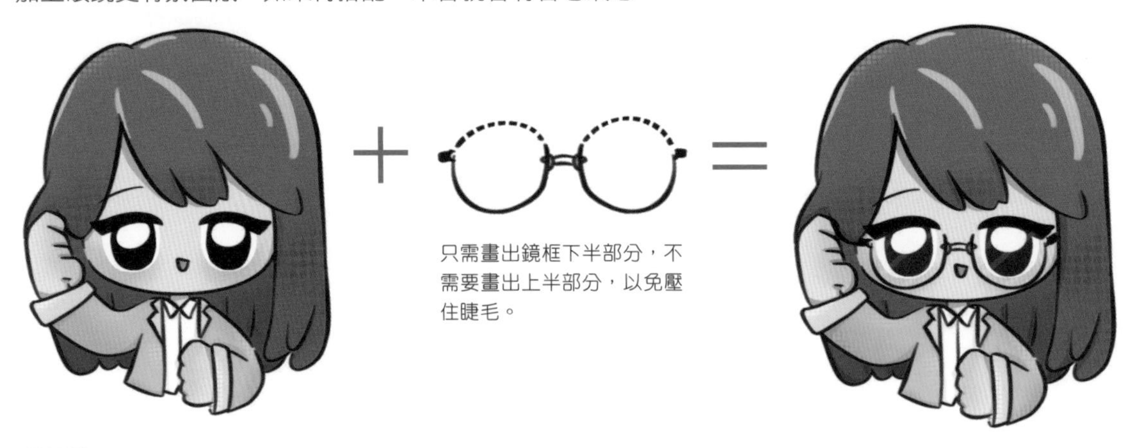

只需畫出鏡框下半部分，不需要畫出上半部分，以免壓住睫毛。

嘴巴

貓咪嘴巴道具是角色扮演中常用到的，搭配貓爪、貓耳能提升可愛度。

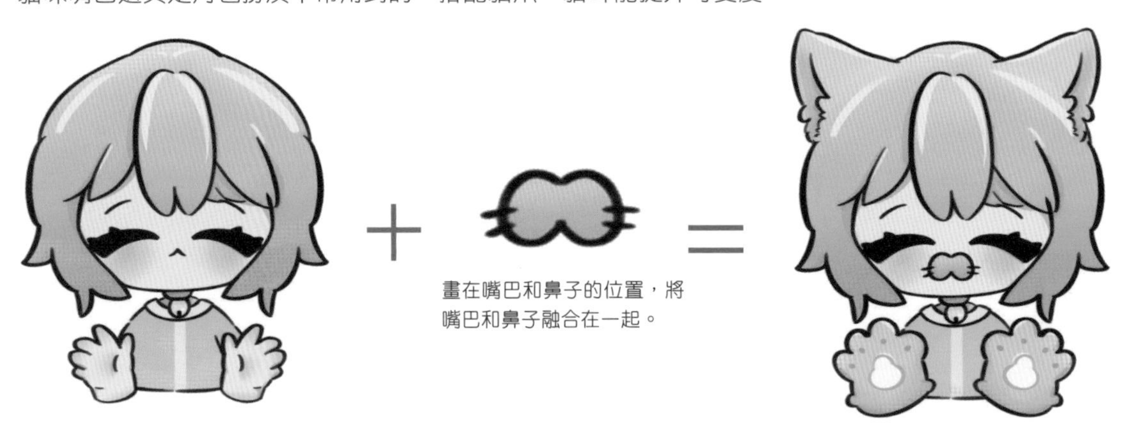

畫在嘴巴和鼻子的位置，將嘴巴和鼻子融合在一起。

臉頰

主題性臉頰裝飾物能展現人物個性化形象，可在髮飾和其他部分搭配相同主題的裝飾物使畫面更和諧、統一。

可當作腮紅，裝飾在臉頰上，減少人物臉部留白。

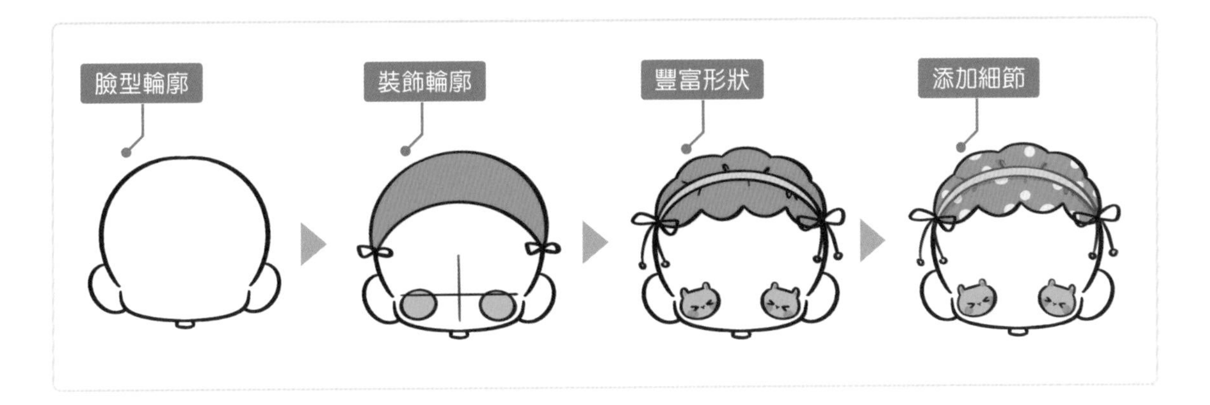
臉型輪廓
裝飾輪廓
豐富形狀
添加細節

創作元素

Lesson 6.3 款式豐富的圍巾

圍巾不僅能展現季節環境，還可當作可愛的頸部裝飾物。多種款式的圍巾、頭套是裝扮可愛和裝酷的「利器」。

領巾

加上領巾後，玩遊戲機的男生從平淡無奇的形象變成酷酷的形象。

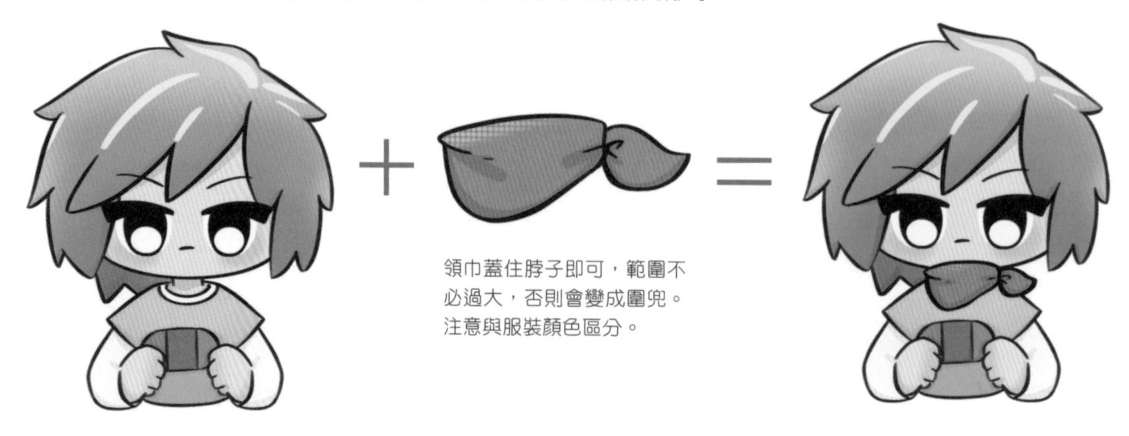

領巾蓋住脖子即可，範圍不必過大，否則會變成圍兜。注意與服裝顏色區分。

厚圍巾

加上厚圍巾後，單純喝奶茶的形象變得生動，彷彿能感受到秋冬熱奶茶一般的溫暖。

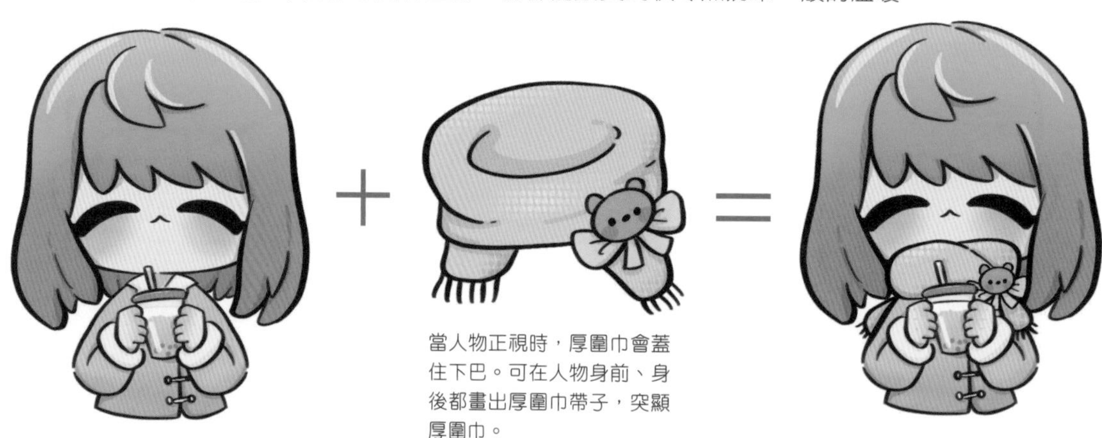

當人物正視時，厚圍巾會蓋住下巴。可在人物身前、身後都畫出厚圍巾帶子，突顯厚圍巾。

連帽卡通圍巾

戴上連帽卡通圍巾，「可愛值」瞬間爆滿。

包圍整個頭部、頸部，注意對人物臉型和髮型的修飾。

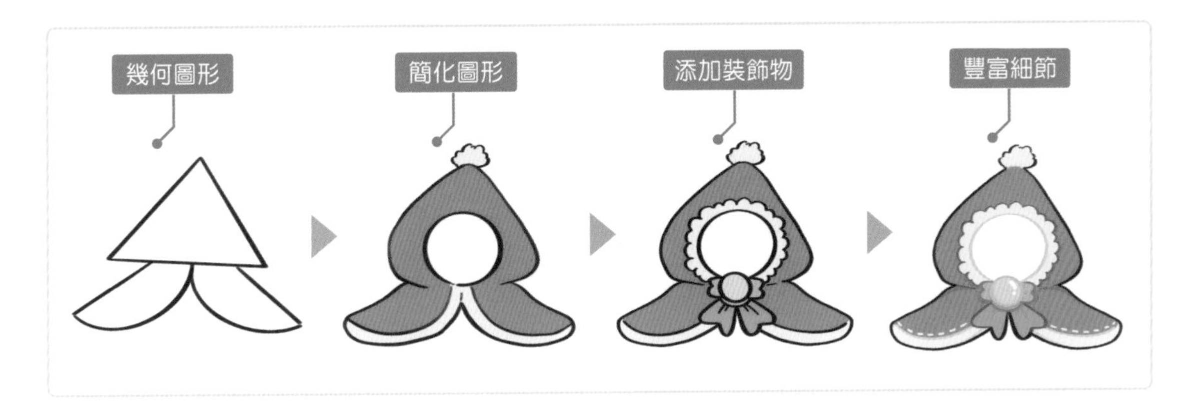

創作元素

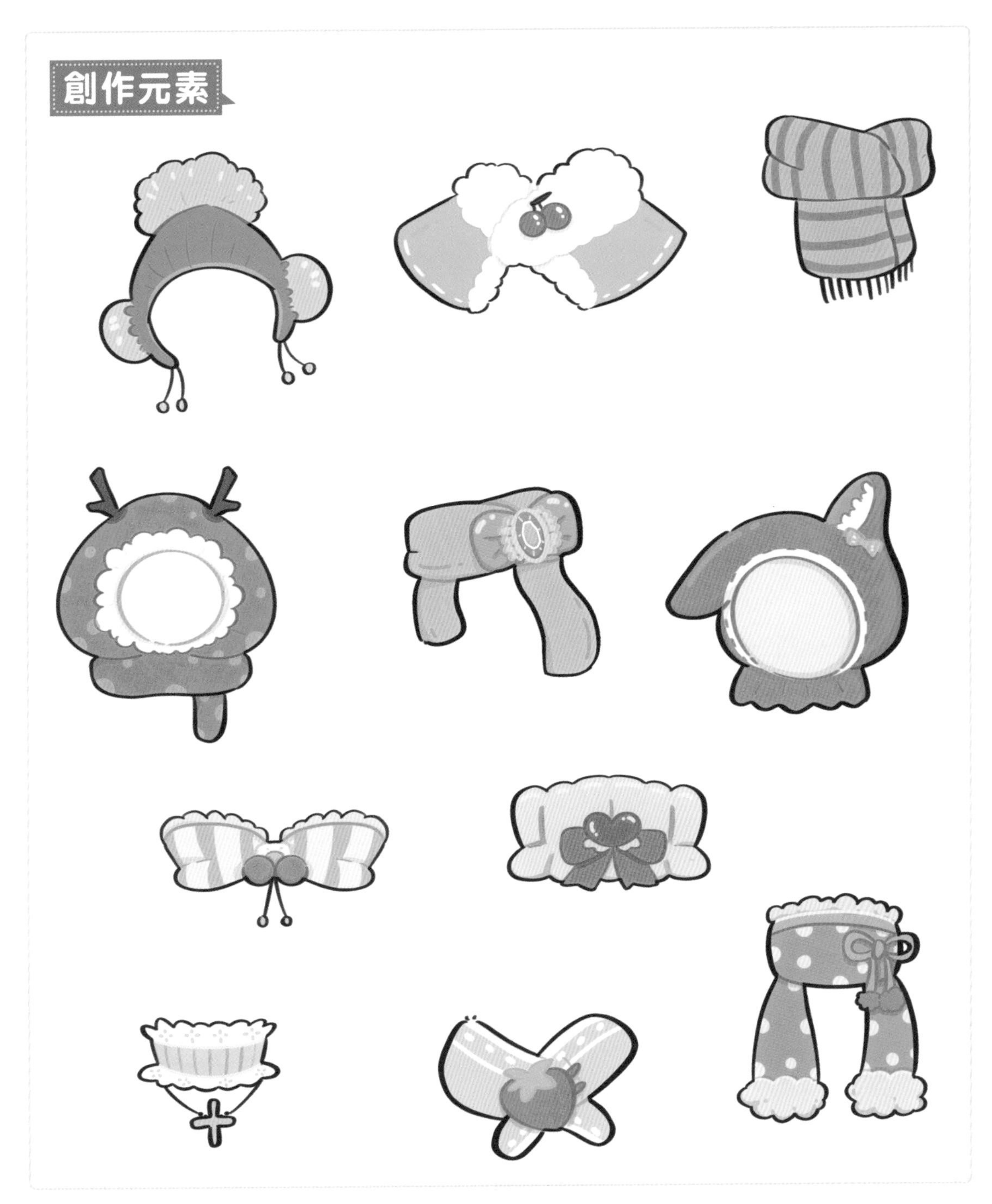

Lesson 6.4

不能沒有包

不同種類的包款能表達人物不同的行為，比如旅行用的行李袋、上班用的公事包、小女孩用的手提包等。

手提包

加上手提包後，人物形象具有休閒的氣息。

斜肩包

人物搭配斜肩包後會更有時尚感。

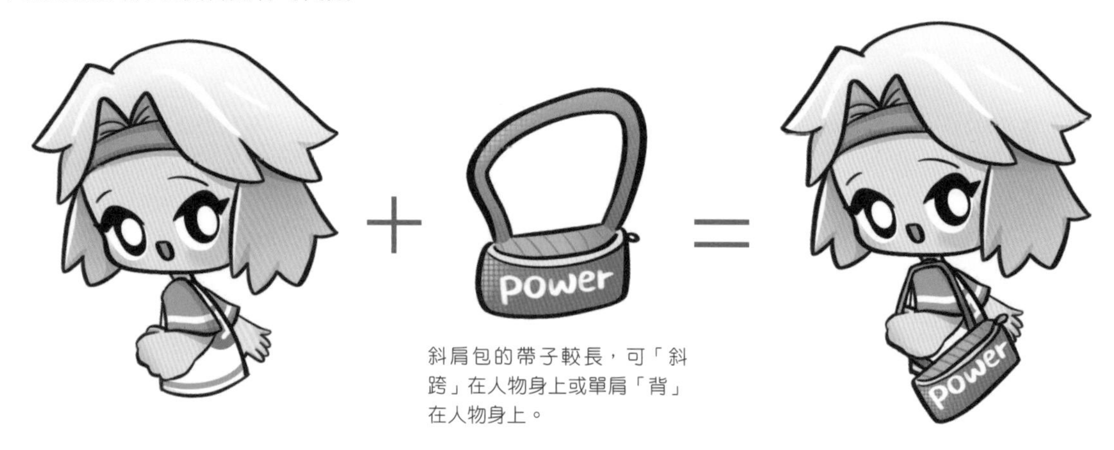

背包

人物搭配背包後會變為學生形象。

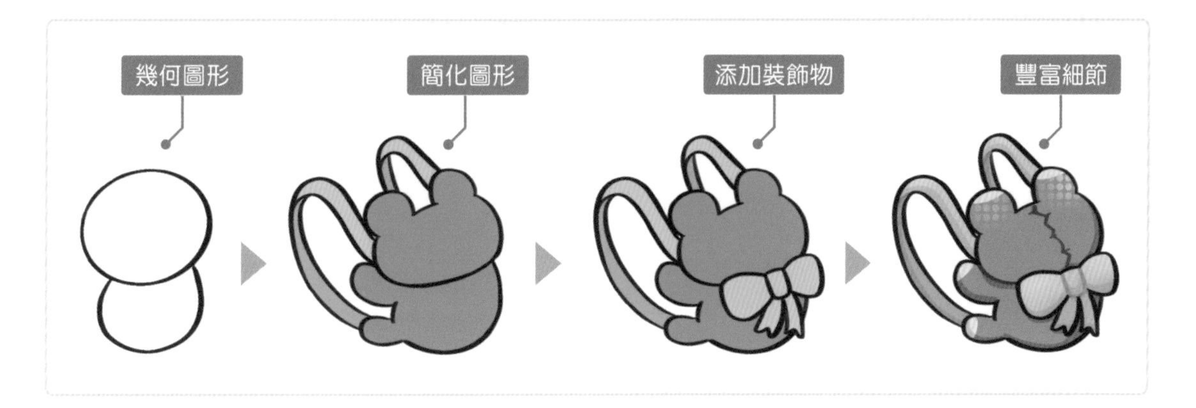
幾何圖形
簡化圖形
添加裝飾物
豐富細節

創作元素

Lesson 6.5

「少女心」蝴蝶結

百搭蝴蝶結，既能當作頭飾，也能用在衣服、包包、項鍊上，少女感十足！

俏皮

少女頭上增添蝴蝶結頭飾，俏皮形象立刻展現。

+

蝴蝶結作為頭飾要放大才會顯眼，即便放在頭髮後也很可愛。

=

浪漫

婚紗上加上蝴蝶結裝飾，會顯得十分浪漫。

+

作為衣服的裝飾，可以放大成為裙子的上半部分，或者縮小為印花圖案點綴在裙子上。

=

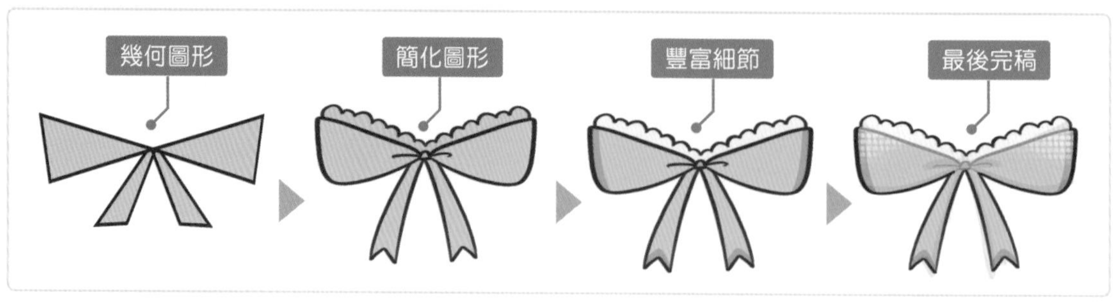

創作元素

Lesson 6.6 看「我」的鞋子

鞋子也是突顯人物特點的一個要素，鞋子種類多，造型差異大。

簡潔大方的款式

造型簡單，當人物重點在上半身時可忽略鞋子細節。

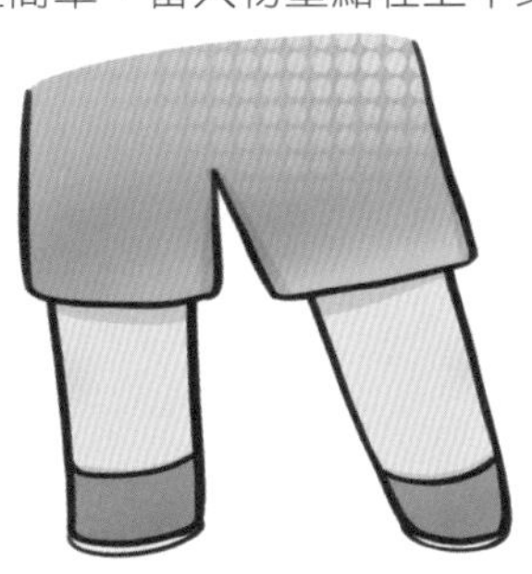
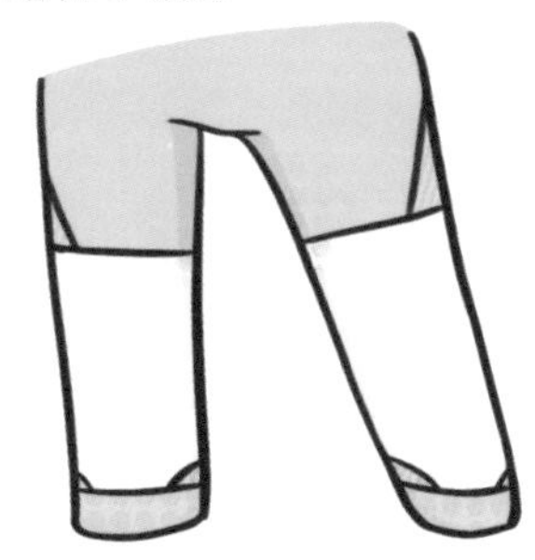

時尚潮流的款式

展現人物特徵，細節更多。

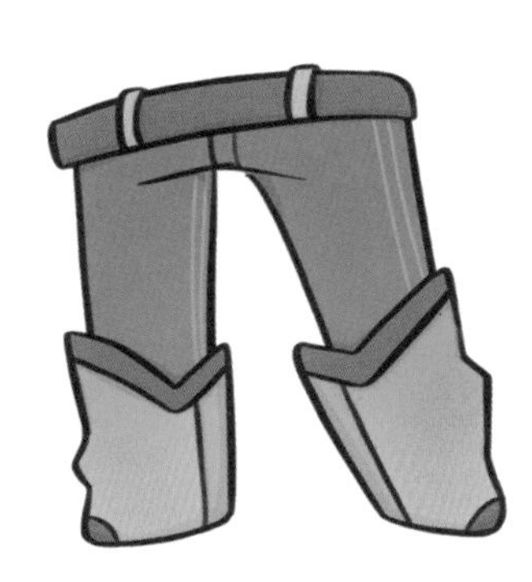

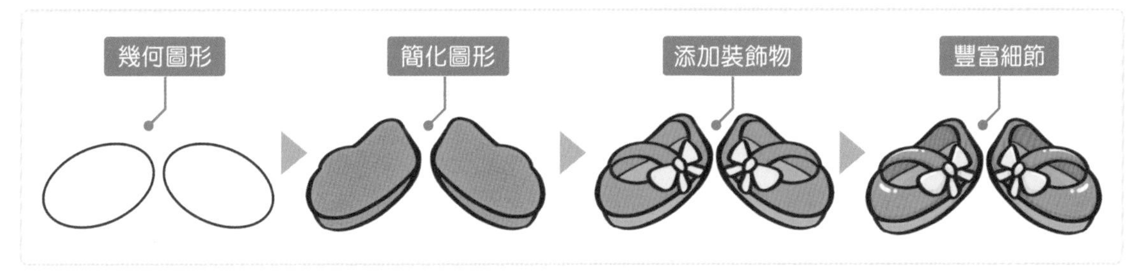

創作元素

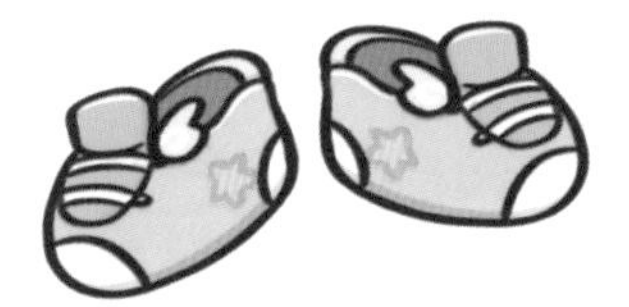

展示頁

森林女孩

潮酷小子

可愛妹妹

Q 萌動物超有愛

學習 Q 萌動物的畫法，簡單畫出萌感十足的動物。
還可以讓動物與人物互動增添畫面生氣，
或者將動物擬人化。

Lesson **7.1**

幾筆畫出動物

運用圖形慢慢畫出不同動物的形態，造型簡單，可愛十足。

新手可以將動物的形狀大致畫出簡單的圖形，如圓形、方形、水滴形、三角形等，然後慢慢加入動物特徵。

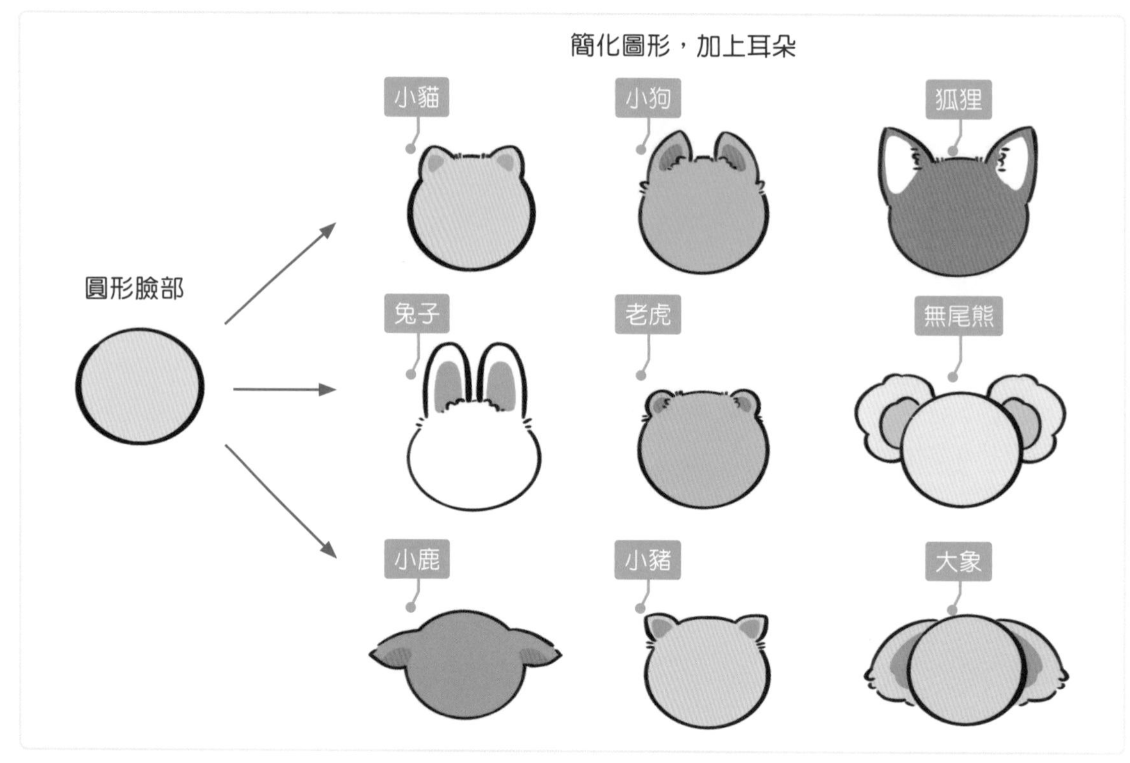

這些動物的頭部都是以圓形為基礎加上耳朵，再根據動物的特徵改變臉型而成。

動物身體可以略畫成水滴形，再加上小小的四肢和有特點的尾巴，簡單幾筆也能畫出 Q 萌動物。

簡化圖形，調整形態

水滴形身體

直向水滴形　直向水滴形　直向水滴形　直向水滴形

橫向水滴形　直向水滴形　橫向水滴形　直向水滴形

圓形身體　加上尾巴並豐富細節

河豚

三角形身

小丑魚

橢圓形身體

金魚

橄欖形身體

鯉魚

魚類：由幾何圖形為基礎演變而成，如三角形、橢圓形等。

兩個圓形身體　豐富細節

正面

側面

背面

鳥類：由上、下兩個圓形組成，身體的圓形或扁或尖。

Lesson
7.2 這些動物軟軟的

貓、狗等是我們生活中常見的動物，這些動物各有特色，能搭配不同主題的畫面使插畫更有生氣。

貓咪可愛又調皮，可以參考貓咪的日常動作進行創作，如玩耍、伸懶腰等。

創作元素

狗狗單純可愛又有點兒小機靈，可以參考狗狗日常的動作進行創作，如搖尾巴、雙腳站立等。

創作元素

毛絨的兔子十分適合搭配女生形象，有一種安靜、溫柔的感覺。可以多多參考兔子的日常動作進行創作，比如洗臉、吃胡蘿蔔等。

可愛的北極熊給人又萌又酷的感覺，雖不是常見動物，但可以引用一些人的動作將其擬人化。

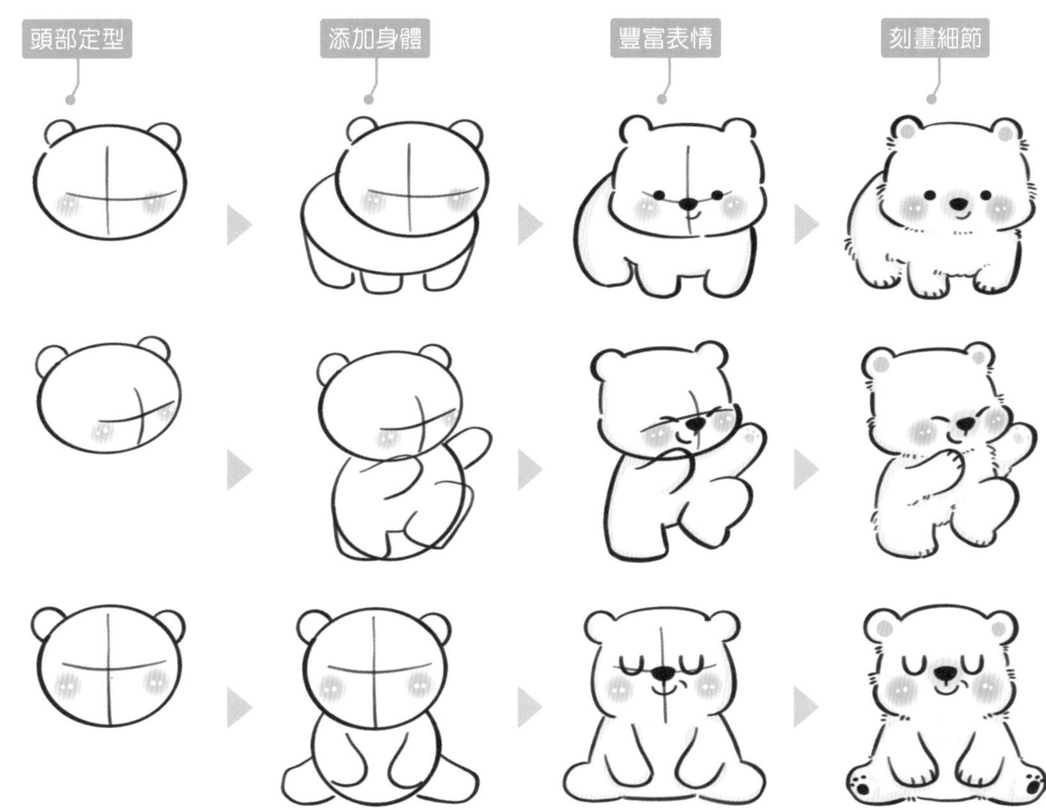

創作元素

Lesson 7.3 嘗試畫熱門物種

除貓、狗外還有其他的動物也深受大家喜愛，可以將動物喜歡的食物或人類的物品當作道具，塑造豐富的動物形象。

同樣採用幾何圖形提取的方法也可以畫出其他種類的動物，為了豐富形象可以加上各種道具，使動物與道具產生互動。

創作元素

創作元素

動物搭配人類的日常道具時會更加可愛。

Lesson 7.4

物種融合大挑戰

進一步將動物與人類日常生活物品結合起來，比如與食物結合，雖然誇張但萌感十足。還可以將動物擬人化或人物動物化。

將動物和食物或者其他人類日常生活物品結合，不僅非常可愛，還具有創意。

把草莓當作小貓的耳朵。

把甜甜圈當作小鳥的頭套。

把小狗放進盒子裡。

創作元素

創作元素

動物和其他食物、日用品結合會有意想不到的效果。

展示頁

主題小物 豐富畫面

當人物的畫面略為單調時，
可添加與畫面主題相符合的小物，
會讓畫面更具有插畫感，完成度也更高。
本章將列出生活中的常見主題小物和參考案例，
讓我們一起來看看吧！

Lesson

8.1 食物的「魅力」

食物可以說是裝飾畫面的萬能元素，能提升整體萌感和生活感，要畫出來也並不難，只需將它們想像成簡單的幾何元素即可。

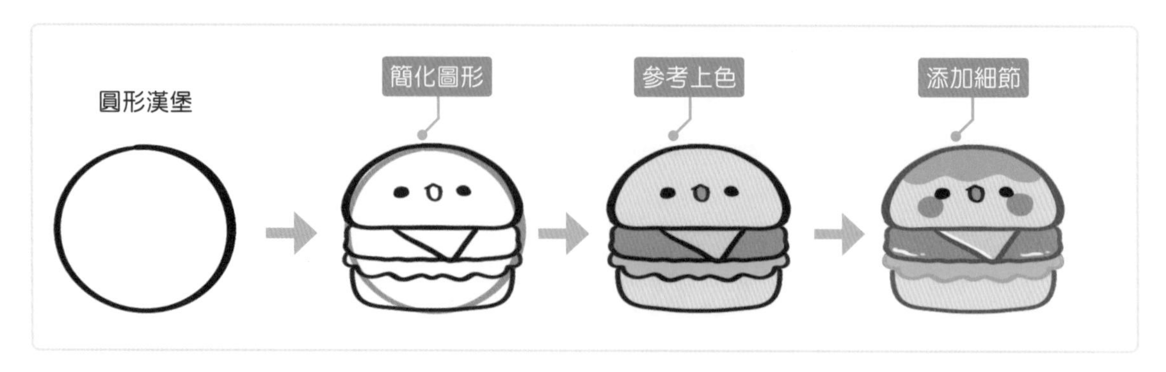

創作元素

重點整理：

1. 具有對稱性的圖案可以善用「繪圖參考線→對稱」。
2. 食物加上表情更可愛。
3. 記得修改線條顏色，通常用更深一點的顏色就可以。

創作元素

食物大部分為粉色和小麥色這樣的暖色，我們可以增加綠色這樣的冷色來進行色彩平衡。

Lesson 8.2

來一口水果

水果「清新、可愛」，在相關季節、烘焙和甜美的畫面裡都可以用到。

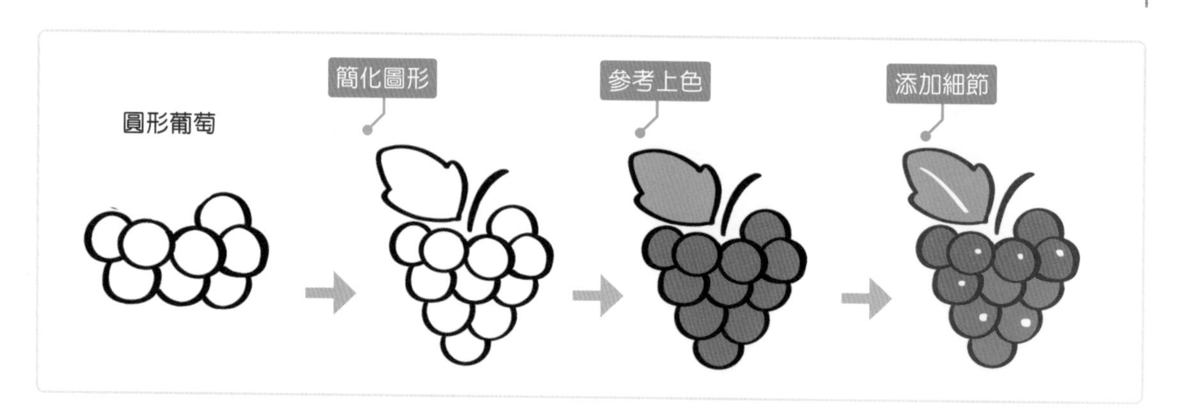

創作元素

用色塊畫出的水果看起來也很美味。分圖層來畫有遮擋關係的色塊，可以方便我們調整形狀和顏色。

創作元素

Lesson 8.3

記得吃蔬菜

園藝類、料理類，甚至奇幻的人物主題插畫，都很適合添加蔬菜作為裝飾物。

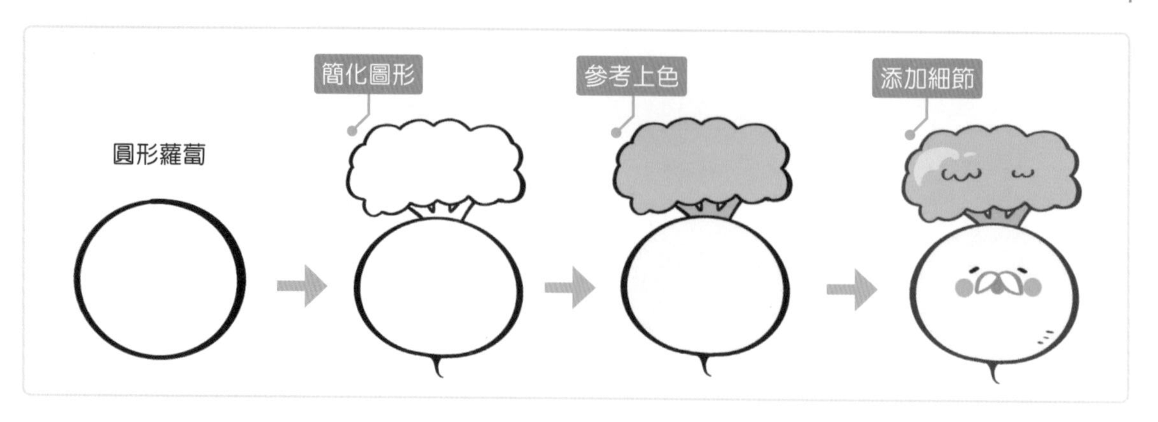

創作元素

Lesson
8.4 甜品最棒

甜品也是萬能裝飾物，無論畫什麼，加一個甜甜圈和杯子蛋糕準沒錯。甜品也可以給畫面帶來視覺上的滿足感。

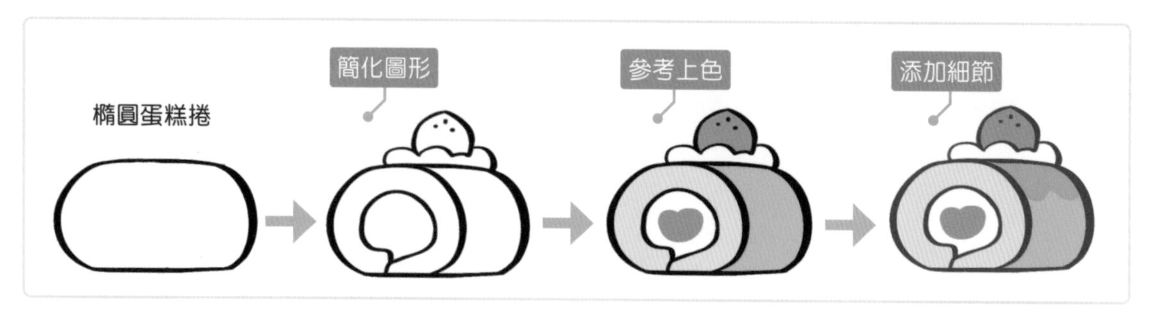

創作元素
適當添加一些小表情，或是融合動物的造型，都會增加俏皮、活潑的感覺，加點小花和水果還可以使畫面更清新、自然。

Lesson 8.5

飲品來乾杯

人物動作單調時，可以為人物搭配一些配件來提高其靈活性、生動性，比如搭配一些飲品。飲品也可當作聚會或宅在家等主題的裝飾品。

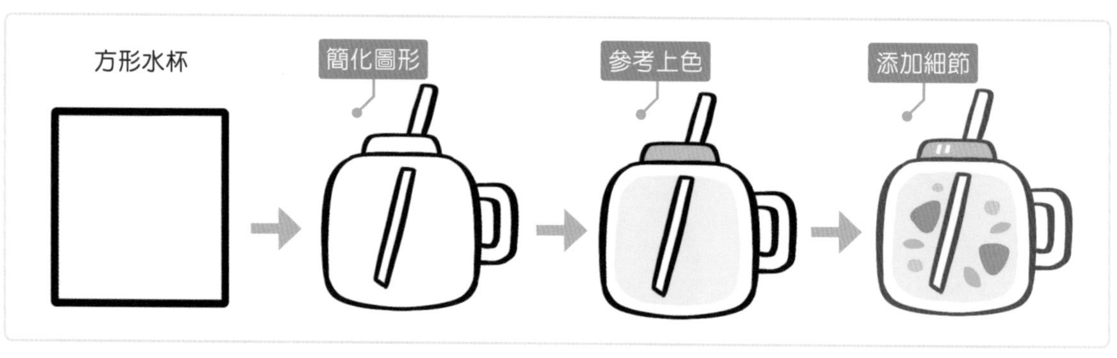

作為手持物，飲品是很好的道具。

容器內的一圈留白，還可以表現出玻璃和塑膠的透明感，真是簡單又好用！

創作元素
色系搭配也有講究：安靜的綠色系用茶水來搭；富有吸引力的紫紅色系用紅酒來搭；陽光活力的黃橙色系用果汁來搭；甜蜜的粉色系用奶茶來搭。
Soda
Cola
茶
Beer

Lesson 8.6

花朵綻放時

花朵也是百搭元素，可以加在畫面空白的地方，將其放置在畫面前方還可以輕鬆拉開前後景，也能畫成花邊的形式。

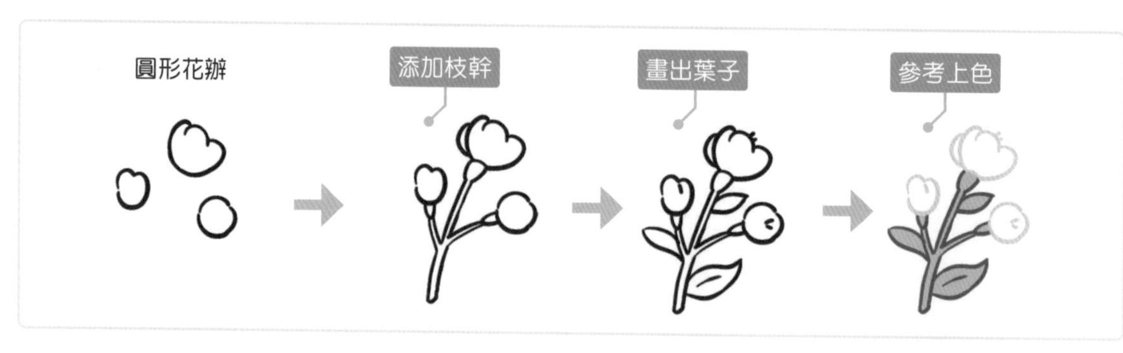

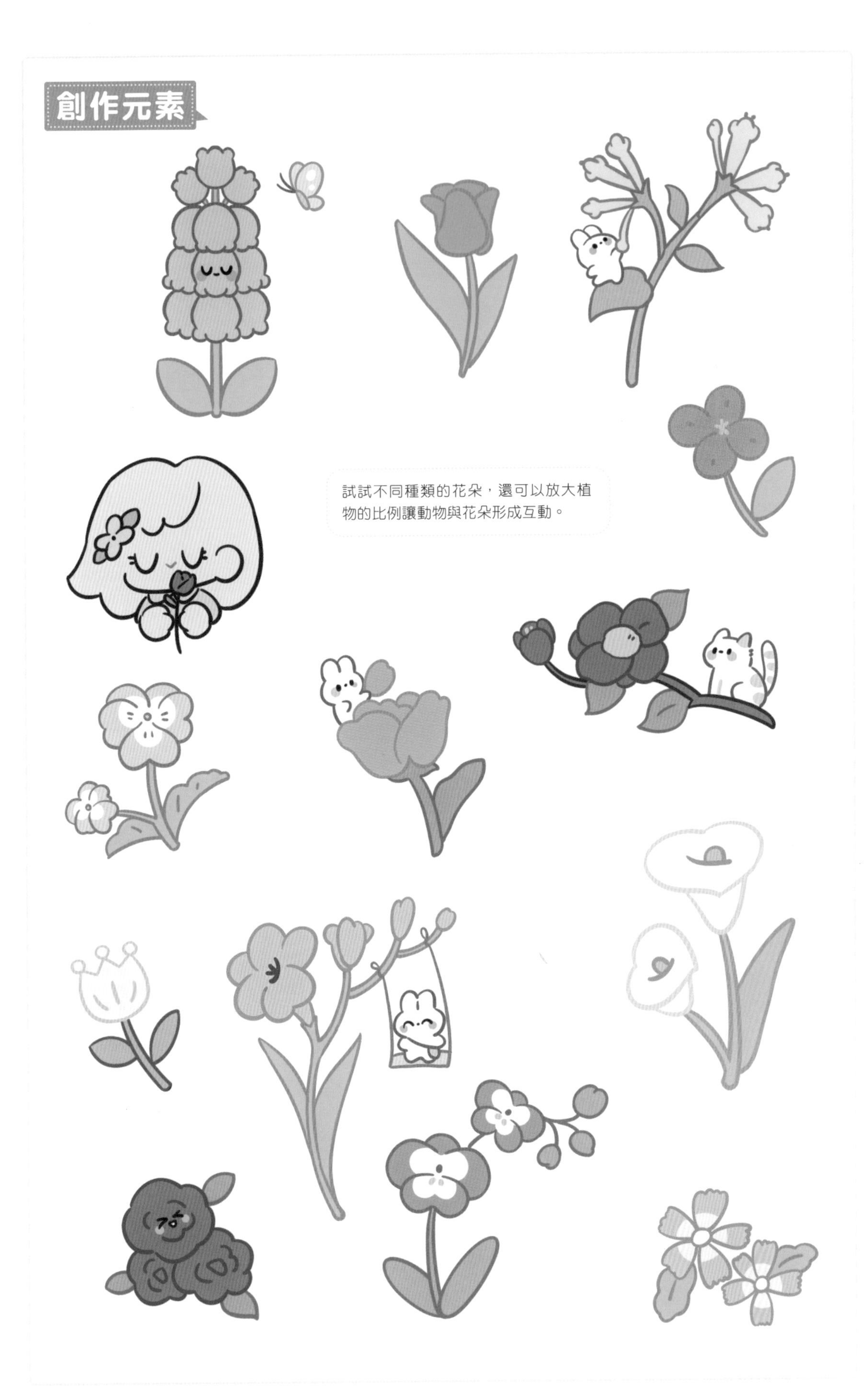
創作元素
試試不同種類的花朵，還可以放大植物的比例讓動物與花朵形成互動。

Lesson 8.7

綠植有生機

綠植無論用在室內還是戶外畫面中都是不錯的元素，而不工整的植物葉子對新手來說也很容易上手。

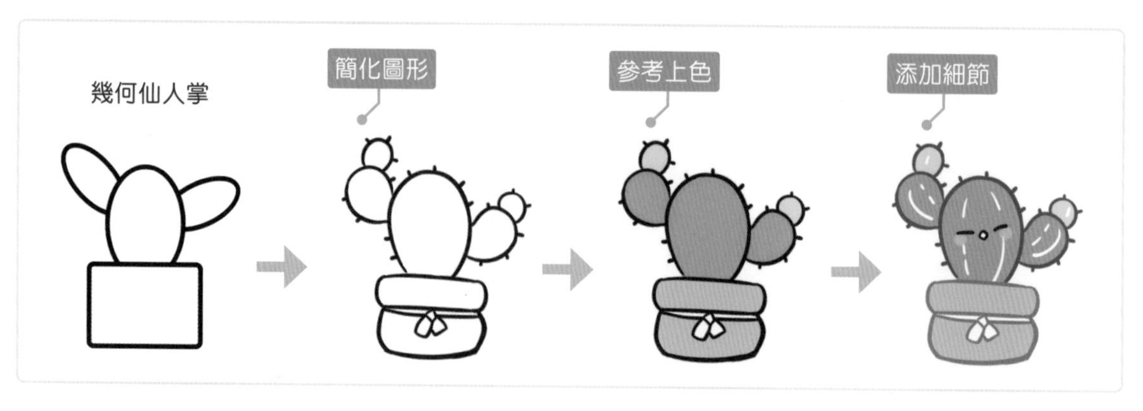

創作元素
有的葉子顏色偏藍，有的偏黃，要畫很多綠植時可以用顏色將它們區分開。花盆除了印象中的土色，也能選擇綠色的互補色來畫。

Lesson 8.8

傢俱的日常感

傢俱也能先借助幾何圖形確定基礎形態，再豐富細節。

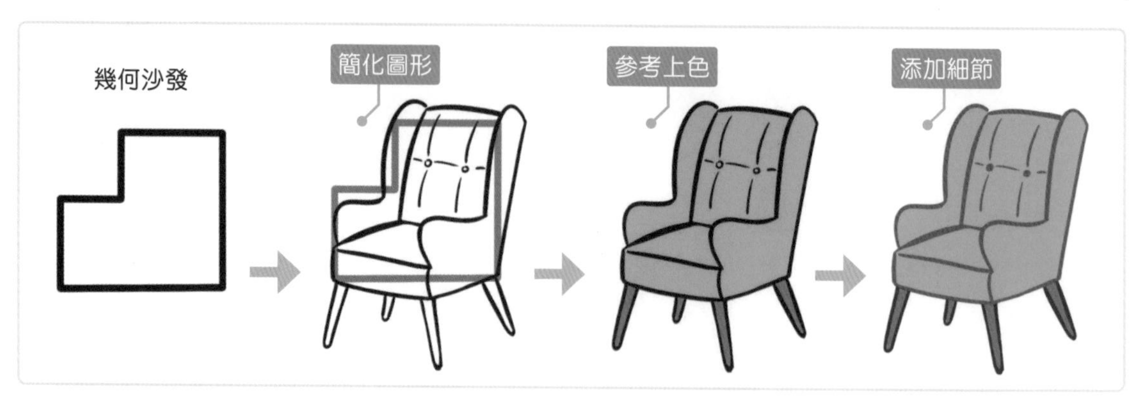

Lesson 8.9

插畫家的畫材

插畫家的畫材也是一種繪畫元素，用畫面記錄自己的日常工作狀態時可以用到。

Lesson
8.10

旅行物品別忘記

當場景為度假、出遊時，可以為人物搭配各種漂亮的旅行物品，這些物品不僅能豐富畫面，還能幫助我們根據具體的物品創作出各種人物動作。

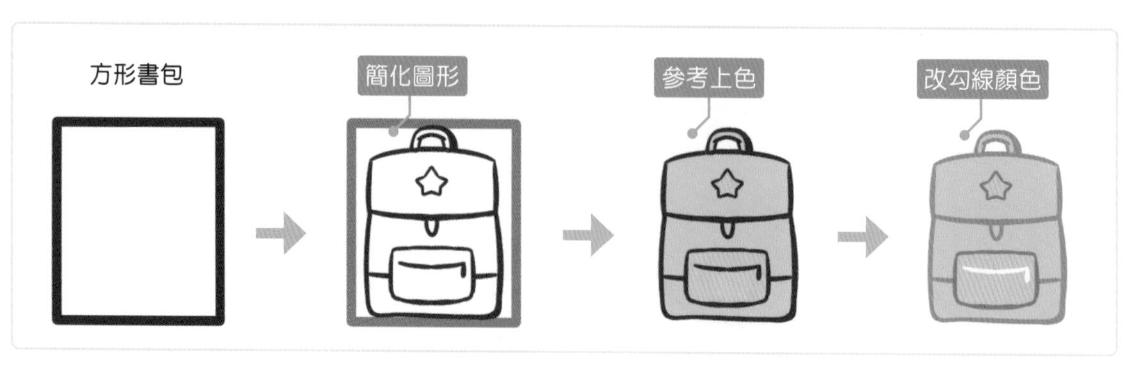

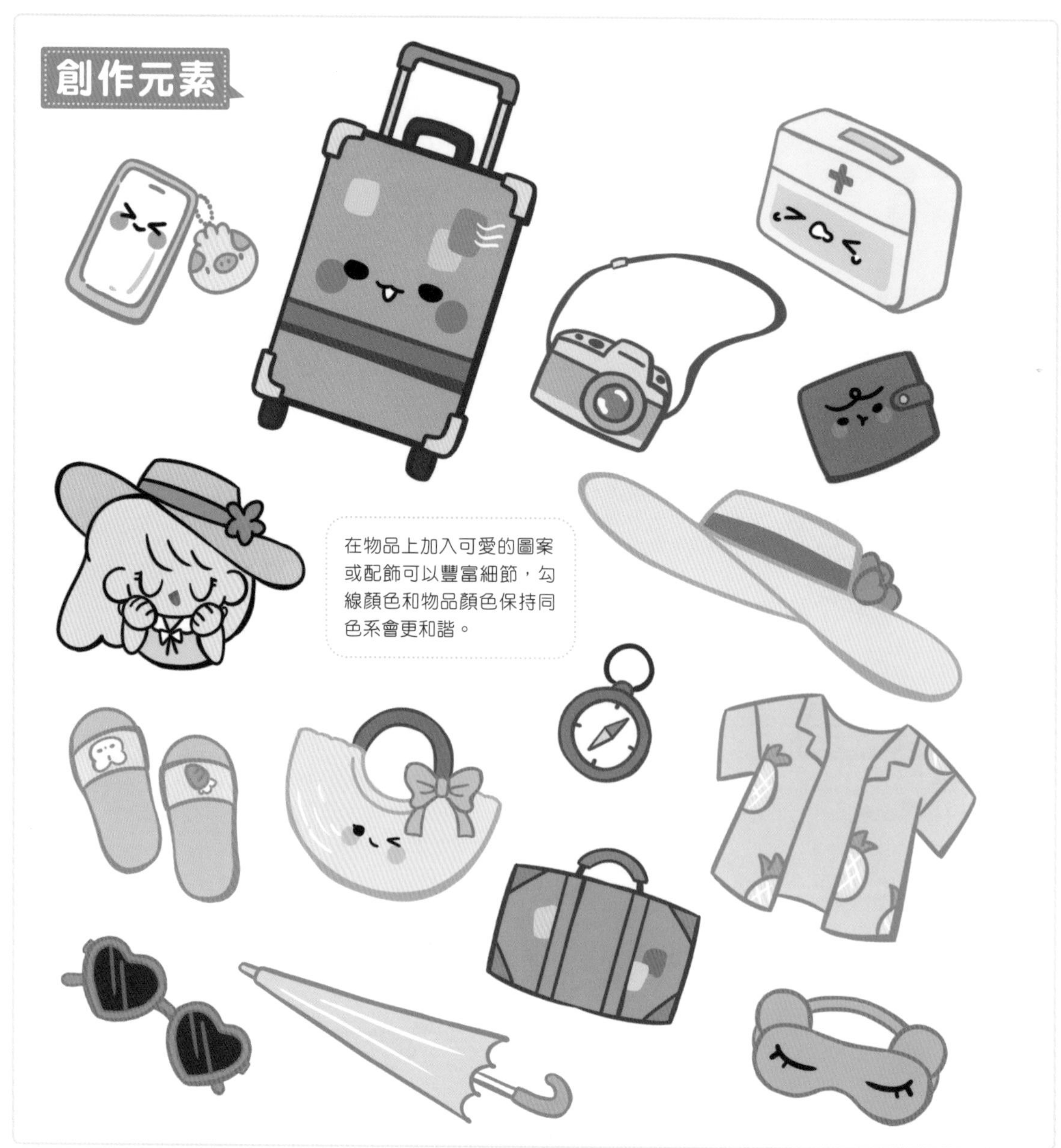

展示頁

小廚娘

花朵少女

花朵擬人化

甜點擬人化

發光效果學起來

使用 Procreate 裡的特效會讓畫作看起來更完整、豐富，
學會製作圖案筆刷畫圖時會使我們事半功倍。
使用 Procreate 還可以製作簡單的動畫，讓插畫人物活靈活現。

Lesson
9.1

發光效果的作用

發光效果有畫龍點睛的作用，使畫面更加吸睛。

無效果

加效果

上面兩幅畫之中哪幅畫更豐富、更受歡迎？

當然是右邊這幅畫！雖然兩幅畫的人物、元素物件都相同，但是右邊添加了背景和發光效果使畫面更豐富、完整，與左邊大量留白的畫面相比能夠更吸引目光。

這些案例畫面只是在人物周圍加上了相關元素、平鋪背景和一些發光效果做點綴，就能製造吸睛的豐富版面！就算是「小白」也能畫出很「炫」的畫面。

Lesson
9.2

一筆刷出裝飾物

想要具有重複性又能增加畫面豐富度的裝飾物，其實可以透過製作筆刷的方法快速實現。

形狀筆刷的妙用

以「單線」筆刷為例，透過修改基礎形狀和間距，來批次產生裝飾物。

① 新增正方形畫布並填滿黑色。

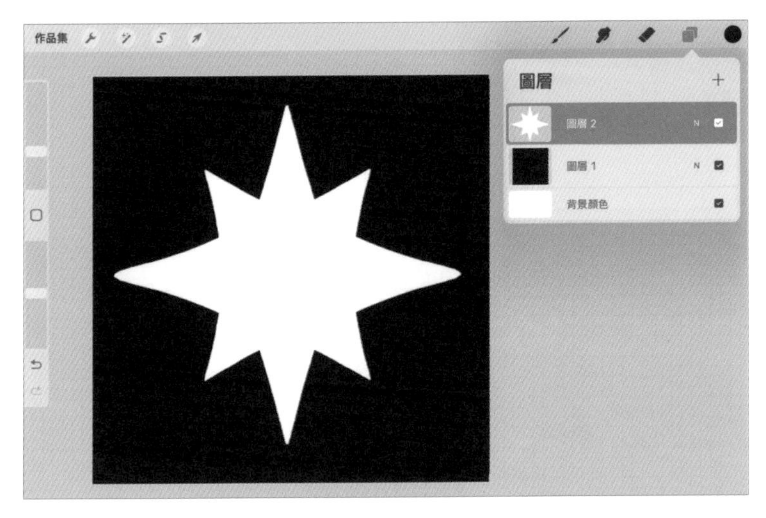

② 新增一個圖層，用白色畫出需要的圖案，匯出圖片為 JPEG 格式。

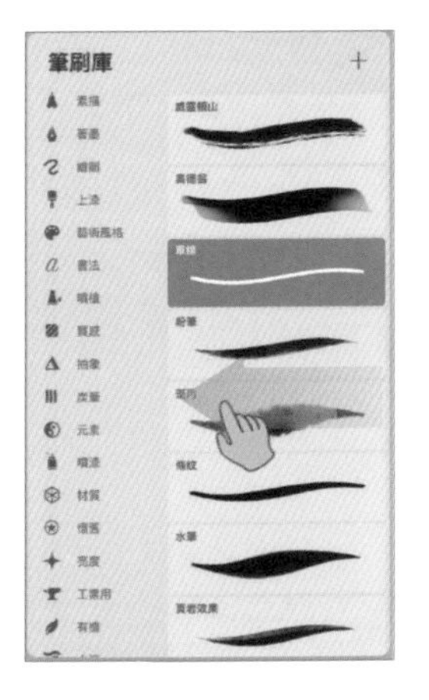

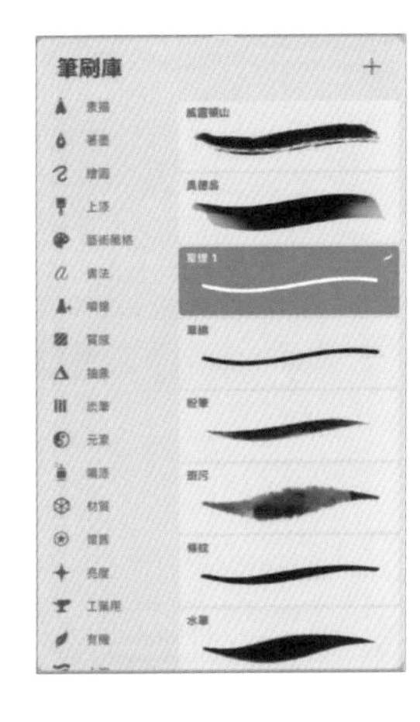

③ 在「書法」裡找到「單線」筆刷，左滑複製一次。

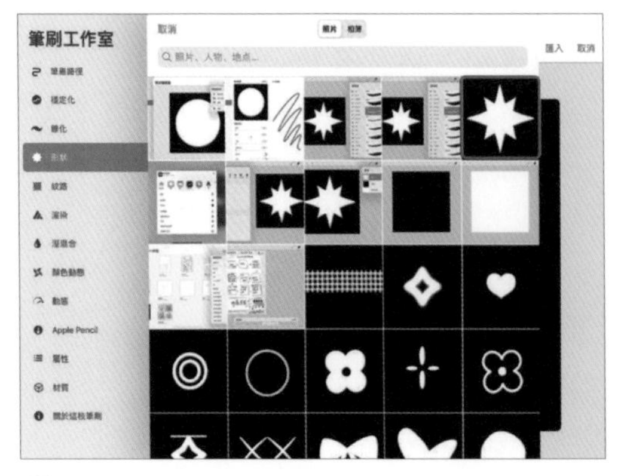

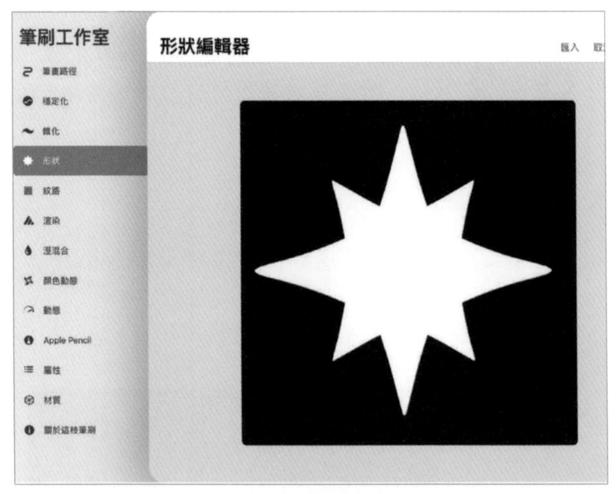

④ 點擊複製後的筆刷，進入筆刷工作室。按照「形狀→編輯→匯入」步驟，找到剛剛儲存的元素。

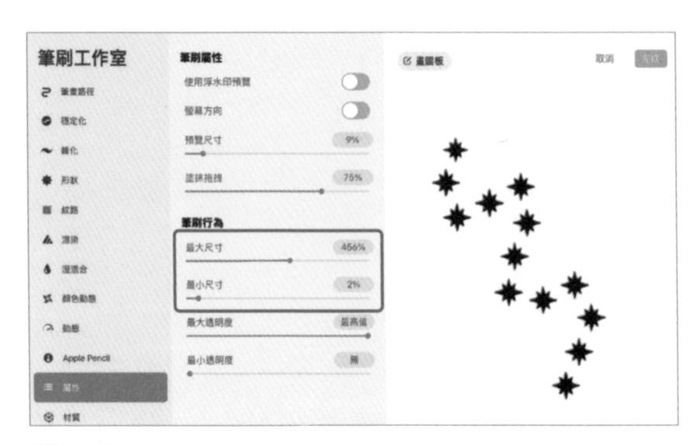

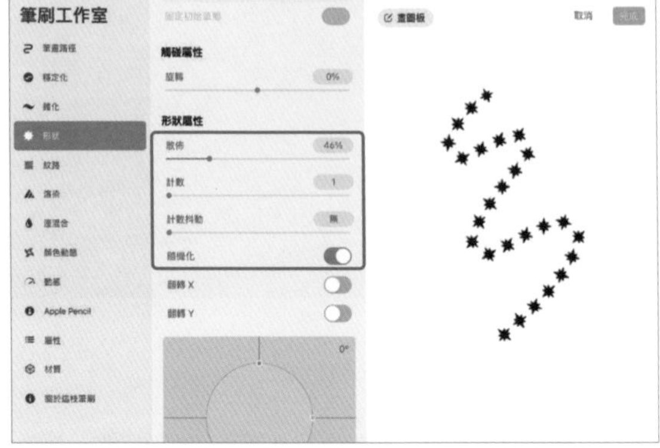

⑤ 「單線」筆刷的基礎元素由圓形變為匯入的圖案，透過調整「間距」、「筆刷尺寸」和「形狀行為」，來調整筆刷的表現效果。

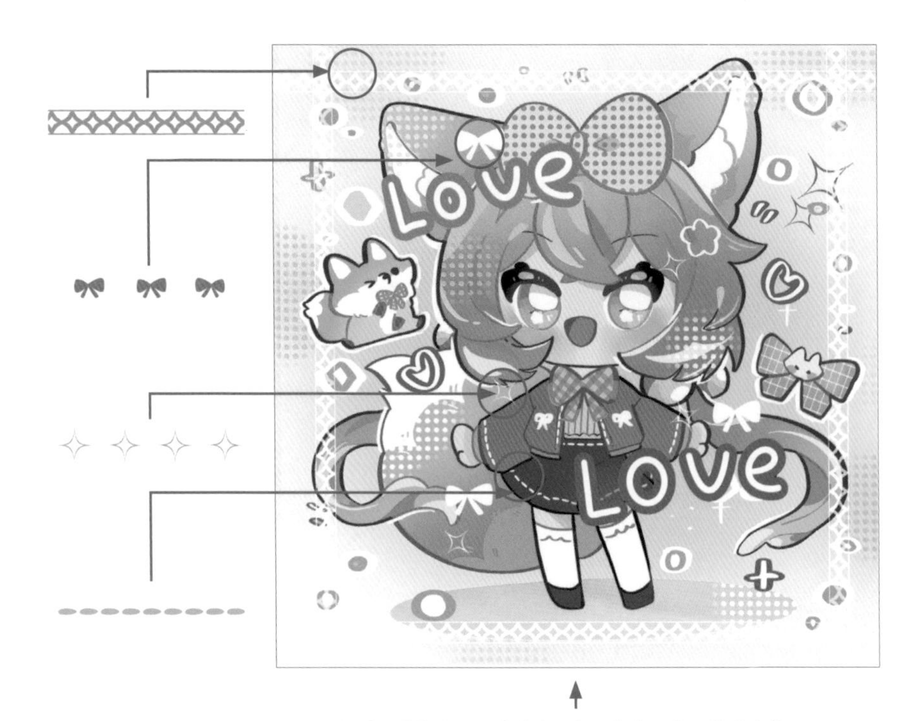

做好的筆刷可以用作花邊、畫面裝飾、衣服裁縫線等。
只要是重複運用到的元素，做成筆刷就能省時、省力。

描邊筆刷的妙用

描邊筆刷可以省去單獨製作描邊的麻煩，作為氛圍元素點綴畫面非常好用。

空心描邊筆刷

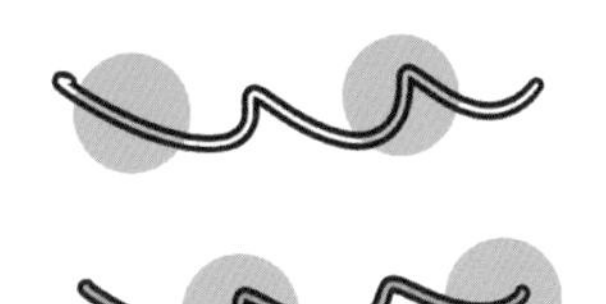

空心描邊筆刷可以透出背景顏色，形成雙線勾邊。

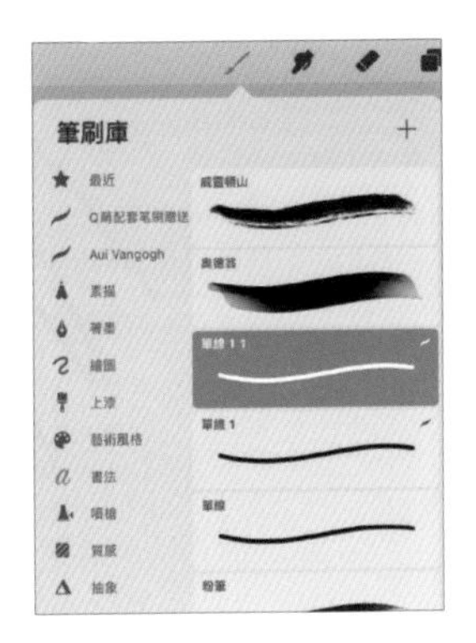

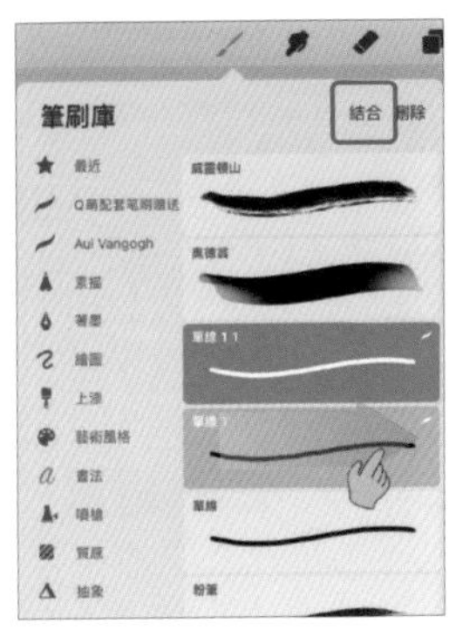

① 將「單線」筆刷複製兩次後，向右滑動，點擊右上方的「結合」可成為筆刷組。

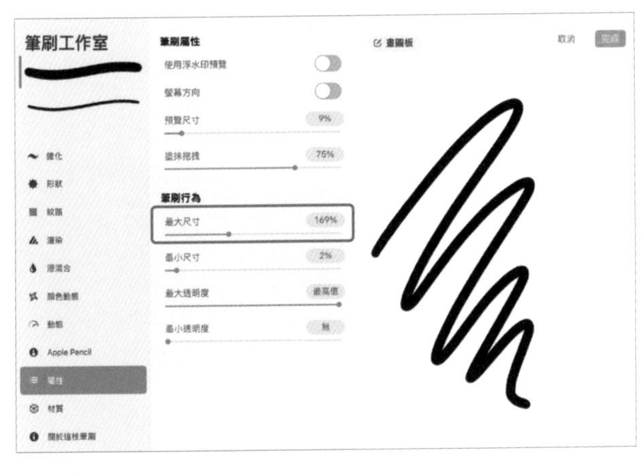

② 選擇主筆刷後進入「筆刷工作室」，點擊「屬性」，增大主筆刷的「最大尺寸」。

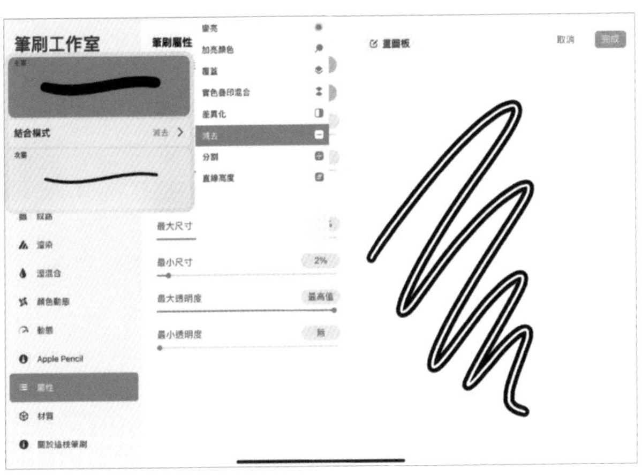

③ 按兩下筆刷組，將合併模式改為「減去」，空心描邊筆刷就完成了。

雙色描邊筆刷

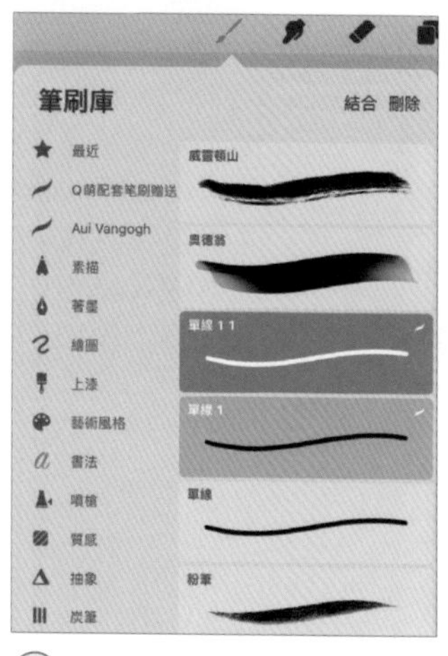

① 複製「單線」筆刷兩次，組成筆刷組。

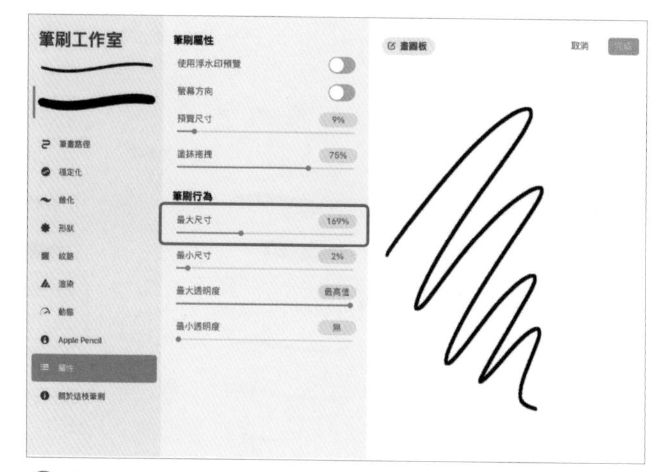

② 選擇輔助筆刷後進入「筆刷工作室」，點擊「屬性」，調大「最大尺寸」。

③ 為兩支筆刷選擇「渲染→強釉光」。

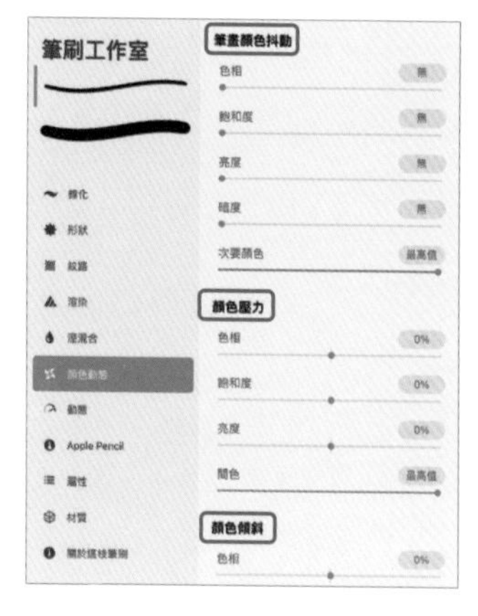

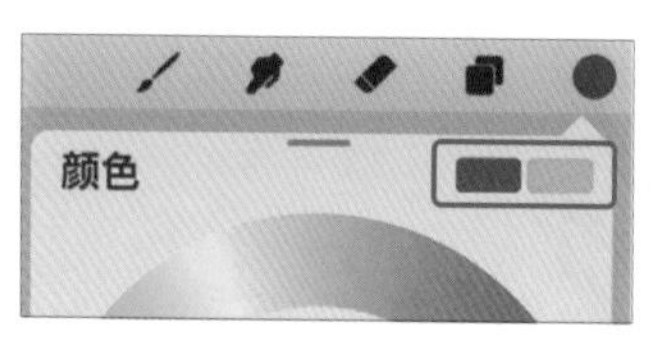

④ 選擇主筆刷，將「顏色動態」中後 3 項的「次要顏色／間色」都調至最大，雙色描邊筆刷就完成了。色圈左側顏色對應筆刷外圈，右側顏色對應筆刷內圈。

紋路筆刷的妙用

將普通筆刷添加紋路即可得到紋路筆刷，使用紋路筆刷可以繪製豐富多彩的紋理，進而改變畫面的質感，常用來繪製背景或者是特別的風格。

① 複製「單線」筆刷，點擊進入「筆刷工作室」；選擇「紋路」。

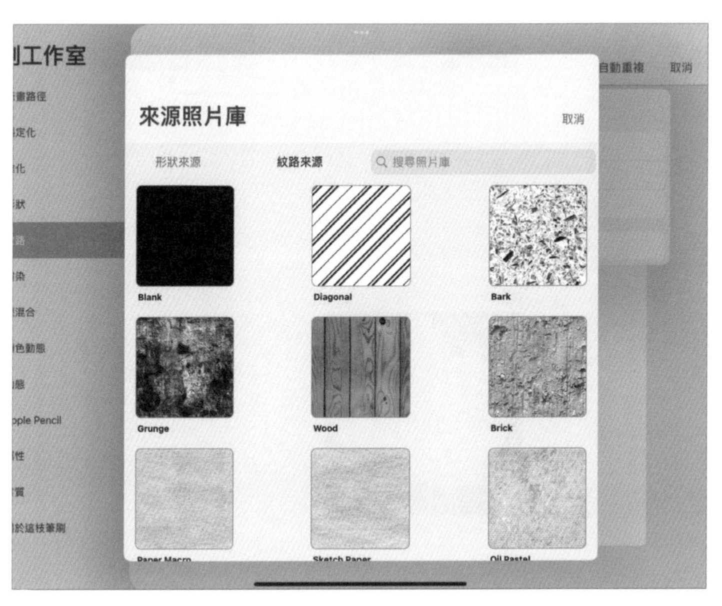

② 點擊「紋路來源」旁邊的「編輯」，進入「紋路編輯器」後打開「匯入」，選擇「匯入一張照片」或「來源照片庫」。以「來源照片庫」為例，任意選擇一張素材圖作為筆刷紋路。

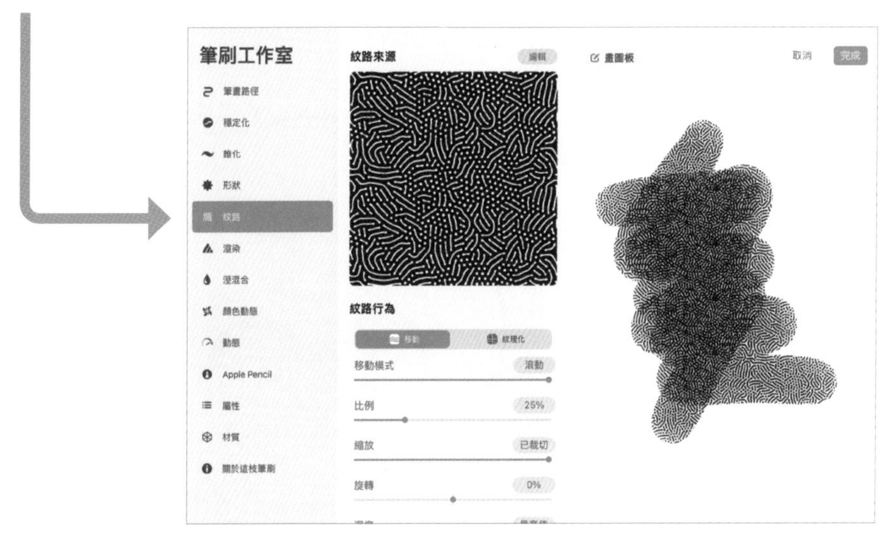

試著在「紋路來源」和「形狀來源」裡找到各種素材，將它們搭配起來製作出各種特殊效果的筆刷。

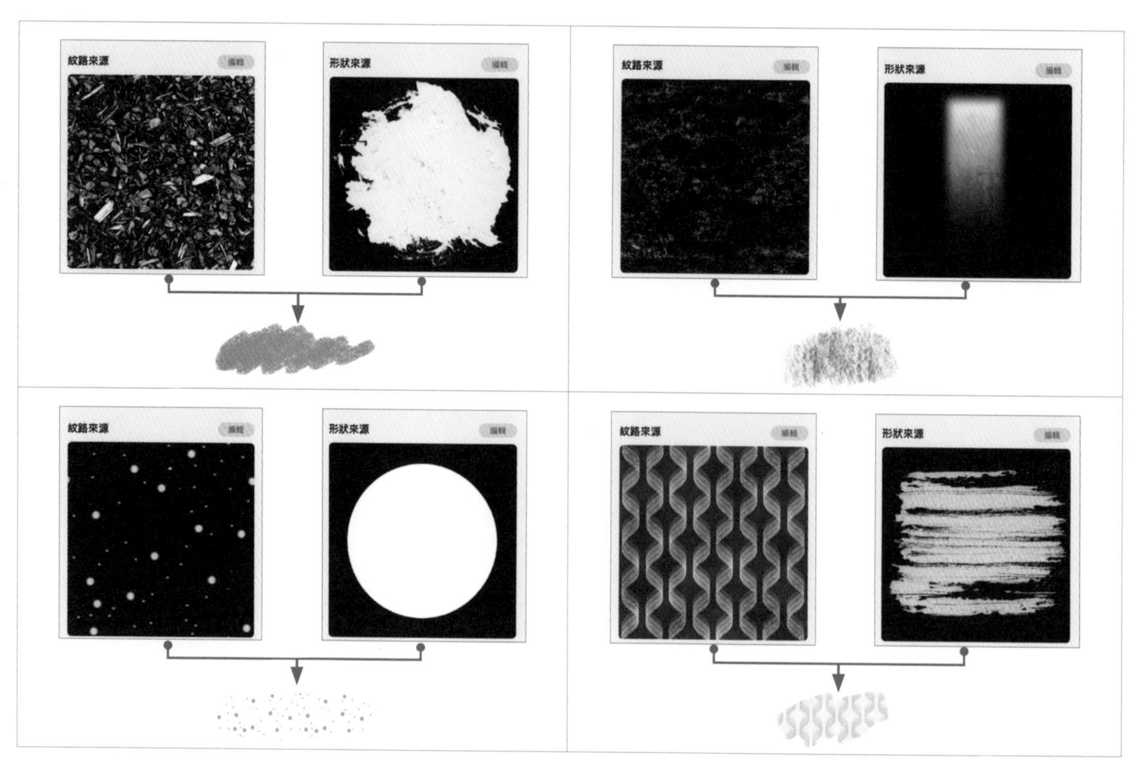

Procreate 小祕訣

相同的紋路和形狀也能做出不同的效果。

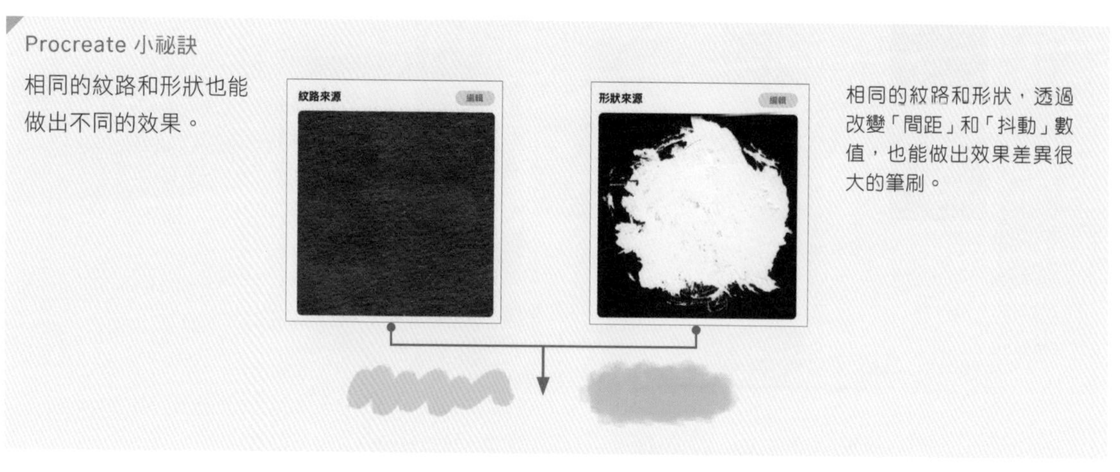

相同的紋路和形狀，透過改變「間距」和「抖動」數值，也能做出效果差異很大的筆刷。

紋路筆刷的效果。

Lesson 9.3

製作發光效果的方法

讓畫面中的物體發光，不僅能達到閃亮、奪目的效果，還可以增加氛圍。

運用光華

以星星為例，對圖案本身進行「光華」處理，會讓整體發光，變得明亮，是適合點綴用的圖案。

操作步驟

① 將需要做光華效果的圖層複製一層，並放置於下方。

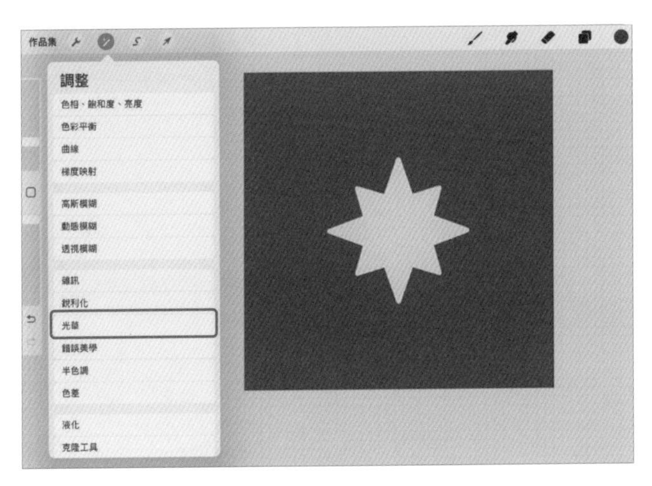

② 在左側工具列中點擊「調整」，選擇「光華」。

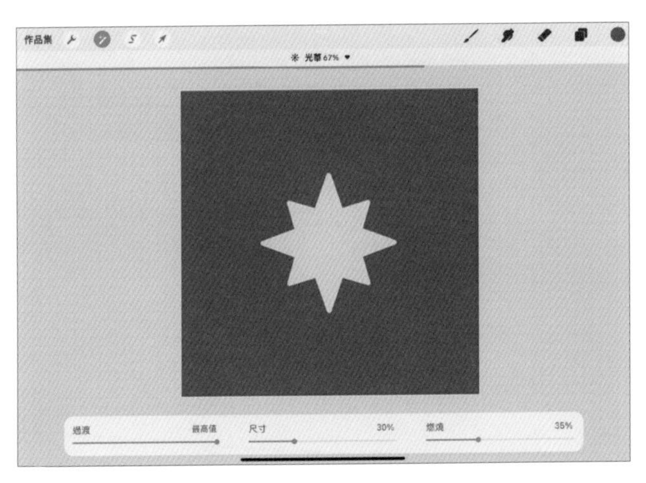

③ 在畫布上滑動數值到適當的位置，星星就會有發光的效果，也可以在要做光華處理的圖層上直接調整「光華」。

不同參數的光華效果

扁平化人物圖層群組，對它設定為「光華1%、過渡最大、尺寸 99%、燃燒 53%」，使畫面整體變明亮。

複製人物圖層群組再扁平化，填滿紫色，設定為「光華 92%、過渡無、尺寸 23%、燃燒99%」，會出現紫色細描邊。

複製人物圖層群組再扁平化，填滿粉色，設定為「光華 75%、過渡最大、尺寸 31%、燃燒27%」，會出現淡粉紅光。

複製人物圖層群組再扁平化，填滿淺藍色，設定為「光華 27%、過渡無、尺寸最大、燃燒99%」，人物背後會出現藍色大光源。用「軟畫筆」當作橡皮擦，擦去四周部分，留下中心最亮的光源。

高斯模糊

高斯模糊是一種更為柔和的發光方式，透過調整模糊圖層的圖層模式，可以調出適合各種畫面環境的模糊效果。

方式 1

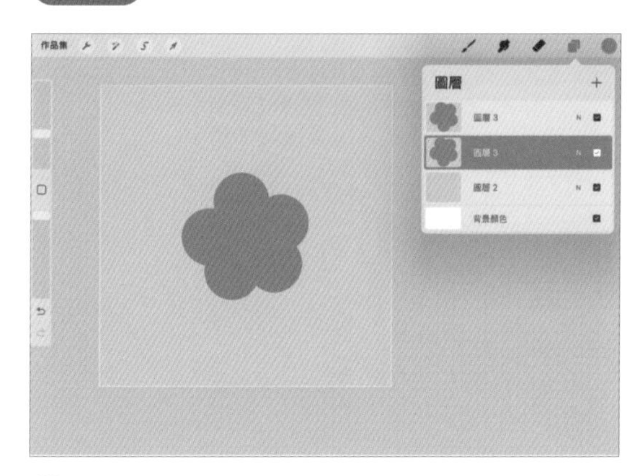

① 將需要進行高斯模糊的圖層複製一次，隱藏原圖。

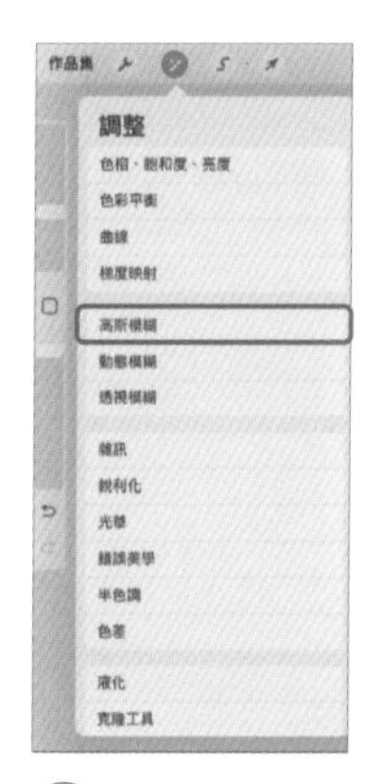

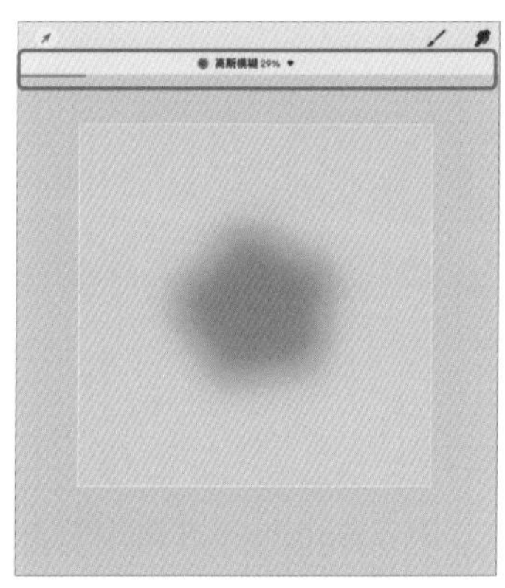

② 對複製圖層進行高斯模糊，參數控制在較低的範圍，能讓模糊效果明顯一些。

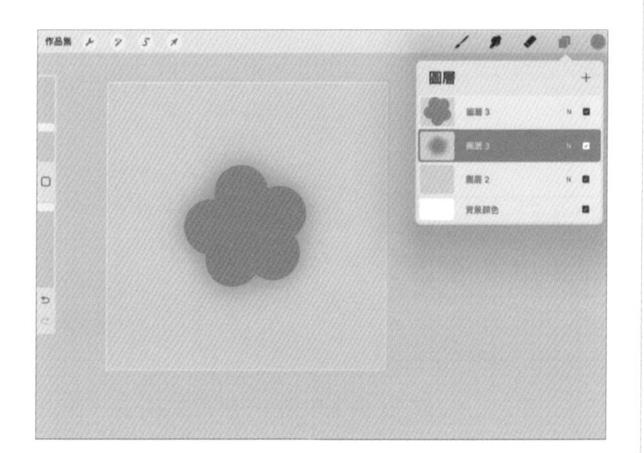

③ 顯示原圖，這樣就能得到發光柔和的圖案效果。在第 1 步改變複製圖層的顏色，最後就能得到不同顏色的發光效果。

方式 2

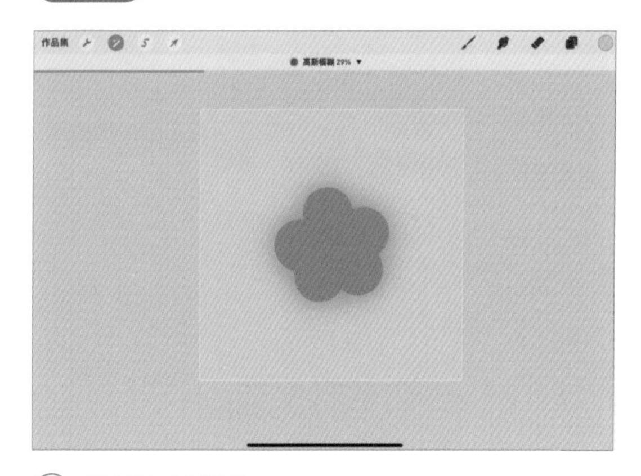

① 重複上述操作。

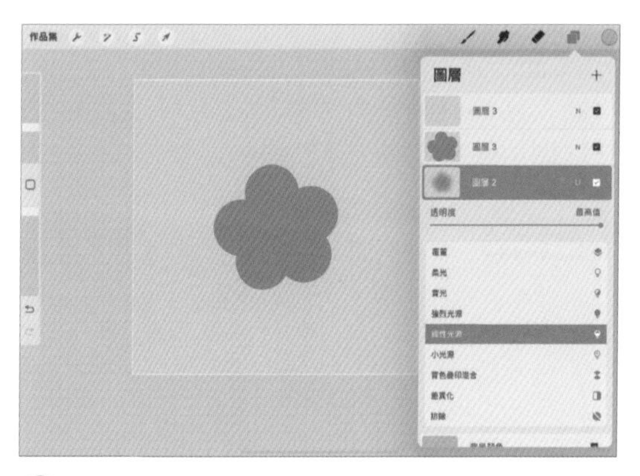

② 選擇模糊圖層，改變圖層模式為「線性光源」，此模式在淺色背景上並不明顯。

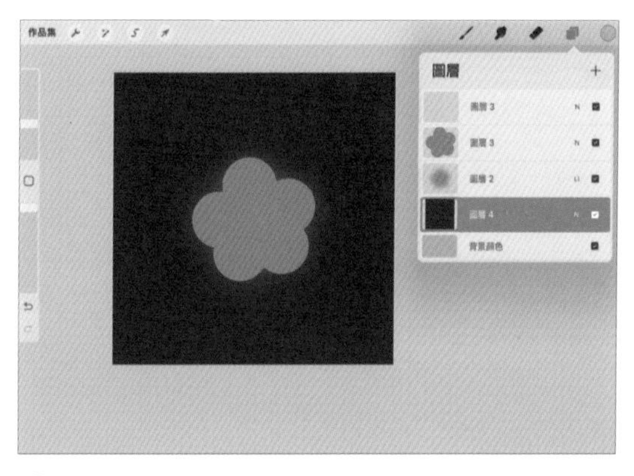

③ 但是在將背景調為深色後，就能得到溫柔的發光效果，非常適合用來裝飾夜晚主題的畫面。

Procreate 小祕訣　不同圖層模式的模糊效果。

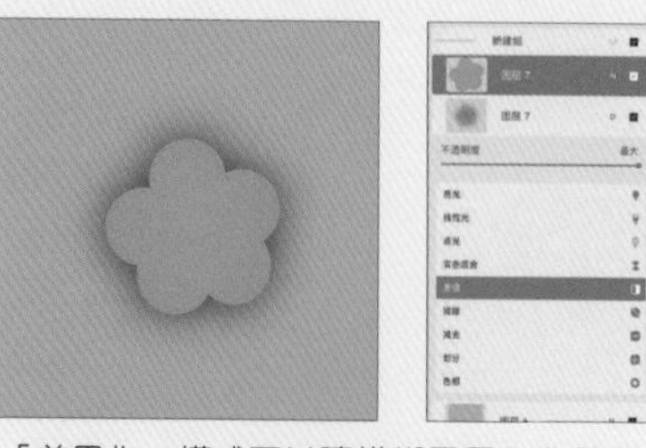

「差異化」模式可以讓模糊圖層與背景顏色相協調，營造影子效果。

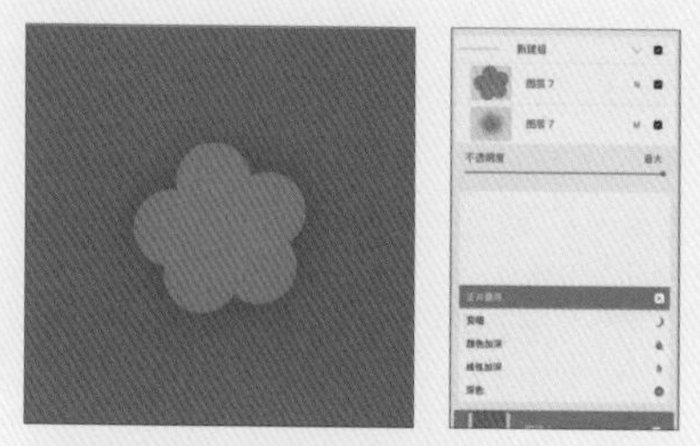

「色彩增值」模式讓模糊圖層印在背景上，二者色差不宜過大，否則難以協調。

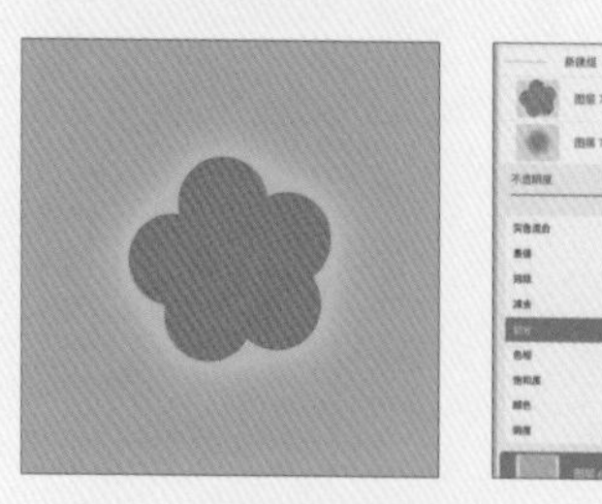

「分割」模式能讓模糊圖層與背景顏色相協調，並呈現發光效果。

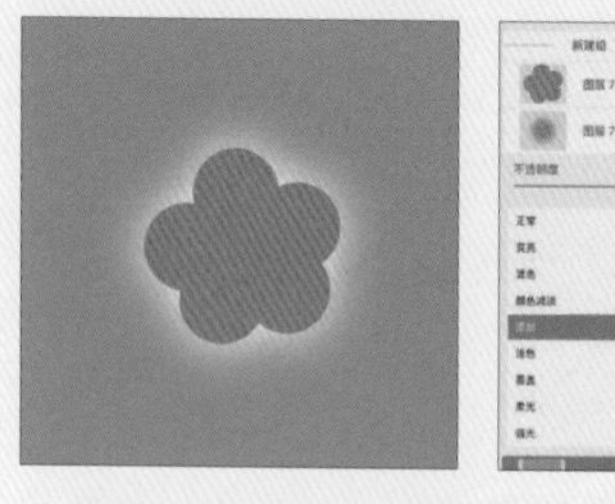

「差異化」模式可以讓模糊圖層與背景顏色相協調，營造光影效果。

半色調

將圖案轉換為疏密有致的網點，可以讓平淡的色塊也變得豐富、有細節，配合「光華」使用，就能做出像霓虹燈一樣閃爍的效果。

三種風格

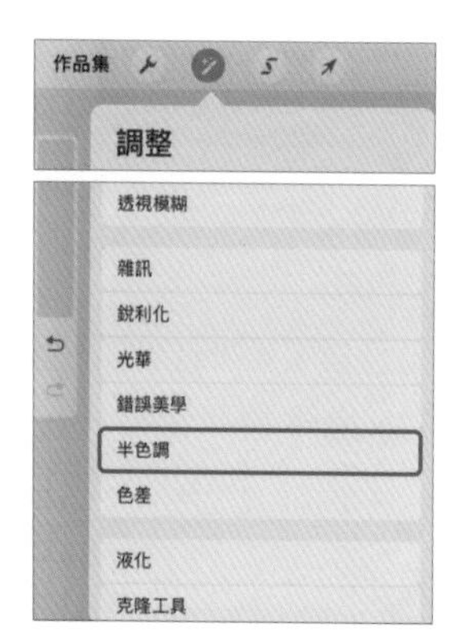

將需要做效果的圖層單獨分出來。打開「調整」中的「半色調」。

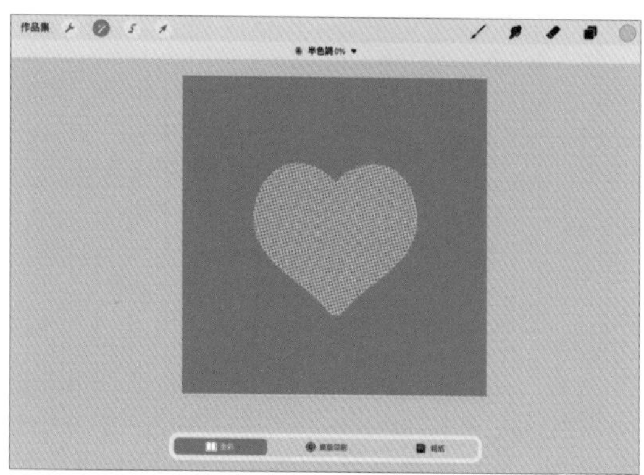

① 選擇「全彩」模式，滑動調整波點疏密，下方依然保留原圖案的輪廓。

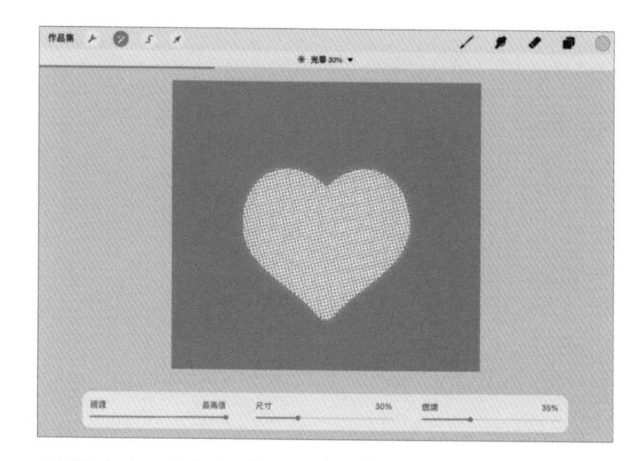

再對它使用「光華」，整體就會像白熾燈一樣明亮。

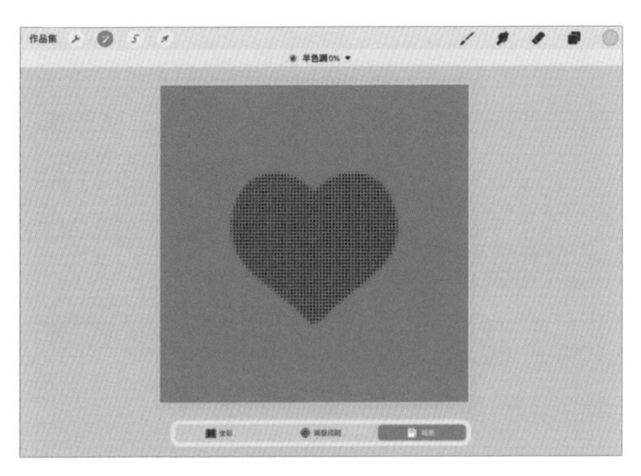

② 選擇「報紙」模式，整體會變為由大小不一的黑色圓點組成的點陣圖案，「光華」對它沒有效果。

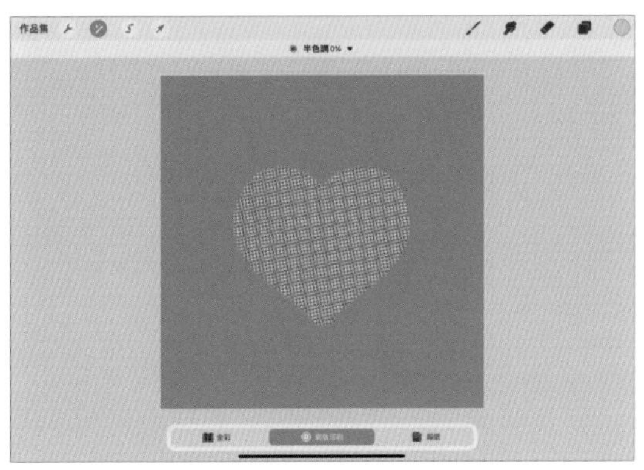

③ 選擇「網版印刷」模式，整體變為由網點組成的圖案。

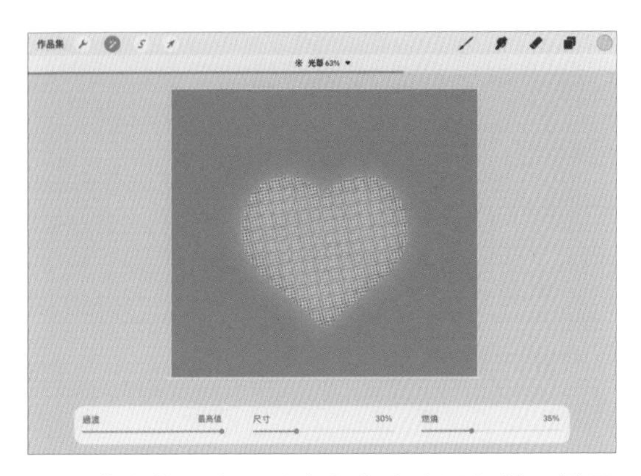

加入「光華」後，則會有像夜晚霓虹燈一樣閃爍的效果。

Procreate 小祕訣　「半色調→報紙」的妙用。

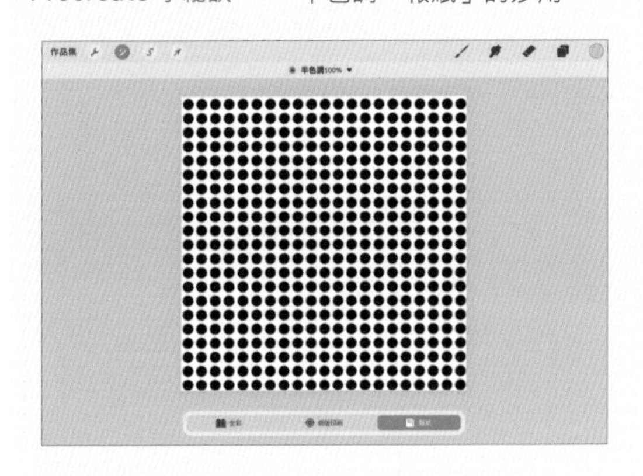

「報紙」模式下，對純色背景使用 100% 的半色調，可以得到大小均勻、排列整齊的波點素材。波點素材可用來製作波點筆刷。

其他風格

繪製夜晚主題，或是潮酷風格時，可以對一些招牌小物或背景採用「半色調」加「光華」，呈現出招牌亮起的感覺。

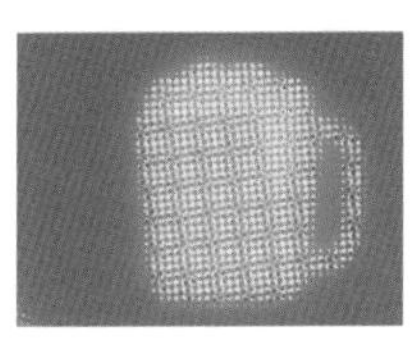

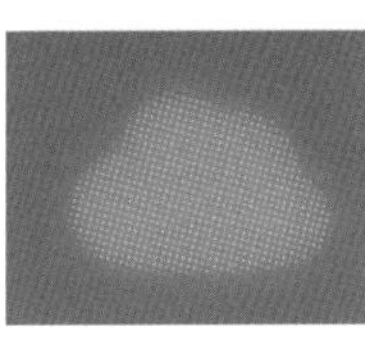

Lesson 9.4 朦朦朧朧透明感

水滴、氣泡這種帶有透明效果的元素該怎樣塑造呢？本節將為大家介紹三種塑造透明效果的方法。

畫法 1：軟畫筆

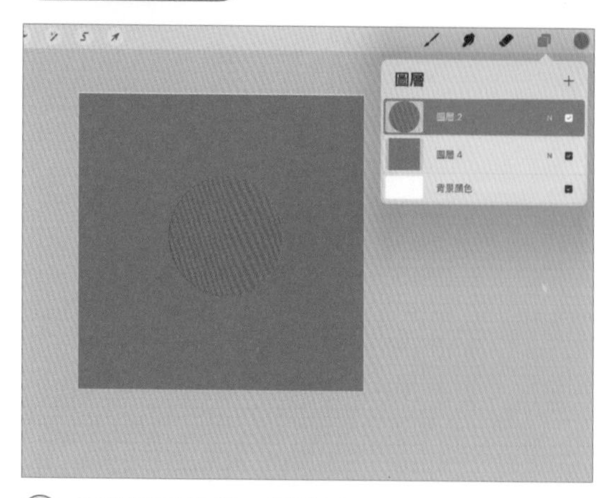

① 新增圖層並畫一個圓形。

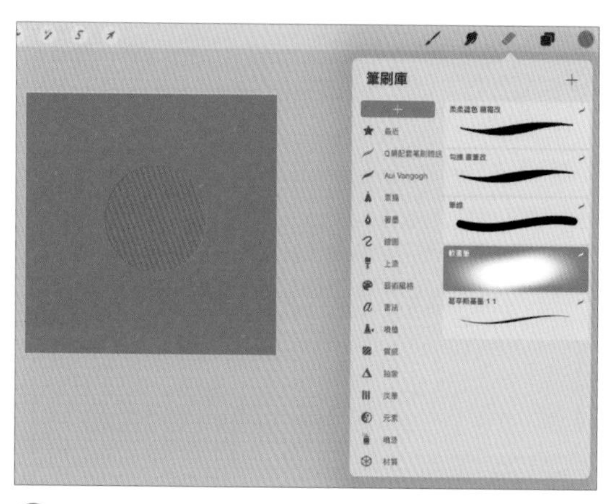

② 選擇「橡皮擦」工具，再選「軟畫筆」擦出中間部分。

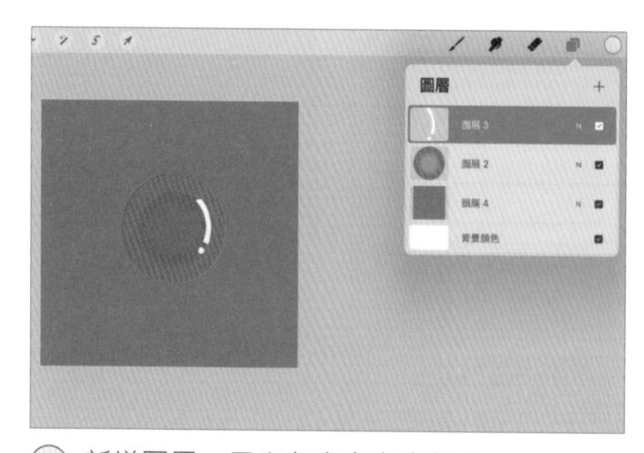

③ 新增圖層，用白色畫出高光部分。

畫法 2：降低不透明度

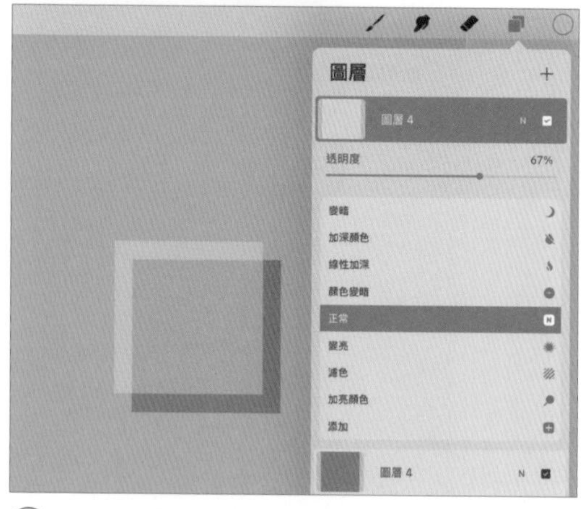

① 在原圖層上新增一個圖層，降低不透明度。

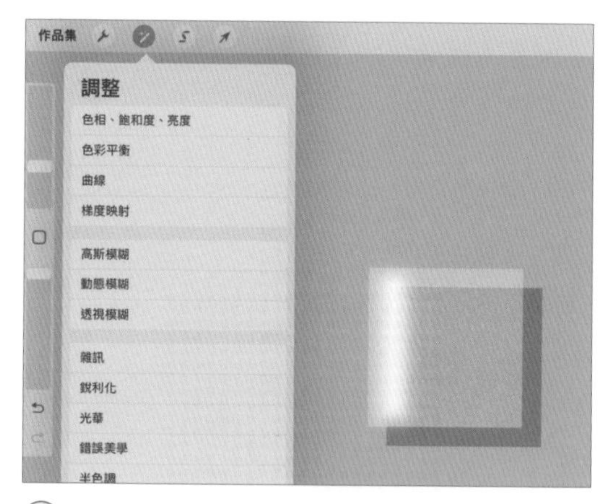

② 用白色畫出高光，點擊「調整」，選擇「高斯模糊」調整高光模糊程度。

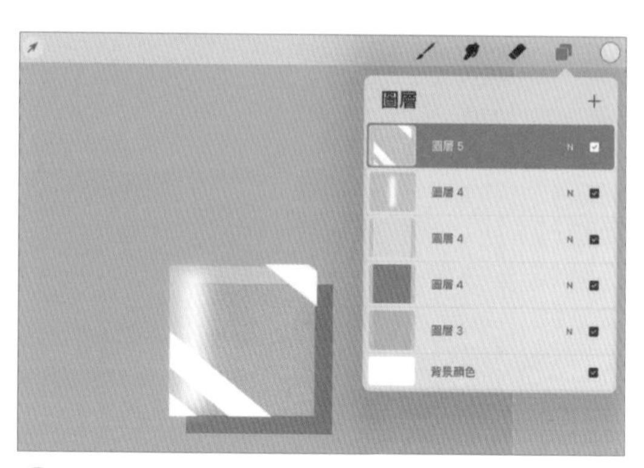

③ 新增圖層，用「硬筆刷」畫出高光部分，這適用於繪製玻璃。

畫法 3：圖層模式

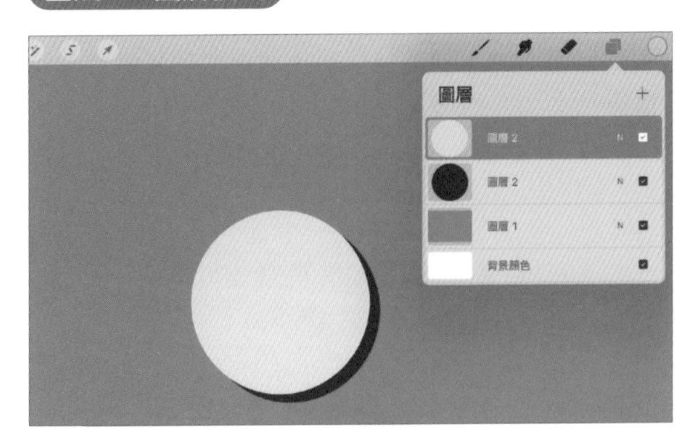

① 畫出兩個不同顏色的圖形。

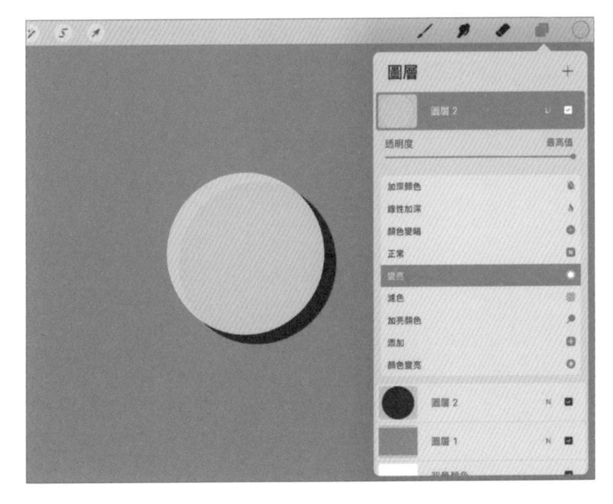

② 將上面的圖層模式改為「變亮」。

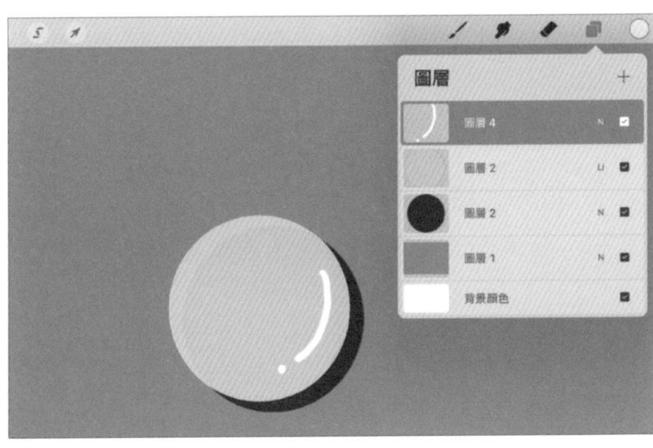

③ 新增圖層，用白色畫出高光部分。

效果展示

水滴、透明質感的效果。

Lesson 9.5 一眼看到主體物

有時畫面元素過多可能會導致主體物不明顯，使用一些特殊處理方法能夠讓主體物與背景及其他元素拉開主次關係。

突顯主體物的方法

當畫面主體物不明顯時，可以採用下面提供的一些方法使主體物與背景及其他元素呈現明顯的主次關係。

方法 1：模糊背景

透過處理背景的方法，將前置的主體物突顯出來，強化前後的主次和空間關係。

① 將背景圖層扁平化之後再複製一層。

② 對複製的背景圖層執行「調整」中的「高斯模糊」。

③ 調整「高斯模糊」的參數到合適的數值，使背景模糊。

方法 2：白色勾邊

透過對主體物進行加工使其突出，將其與其他元素區分開。在主體物的受光面勾出白邊以豐富細節，與其他沒有勾白邊的元素形成主次關係。

① 新增一個圖層並將它置於所有圖層之上。

② 選擇一個硬邊緣筆刷。

③ 用白色沿著受光面，即人物左邊身體輪廓勾邊，注意線條粗細變化。

④ 新增一個圖層，畫一些發光的裝飾物，突顯人物。

方法 3：發光效果

透過對主體物進行加工使其突出，發光效果不僅可用在發光物體上，還可以作為突顯主體物的一種方法，比單純勾出物體輪廓的效果看起來更加自然。

① 以發光星星為例，新增星星圖層。

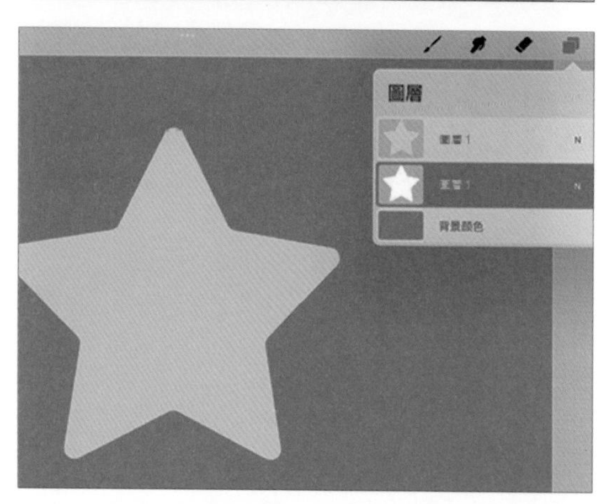

② 將星星圖層複製一層並放在原圖下方，且填滿白色。

③ 隱藏上面的原圖層。

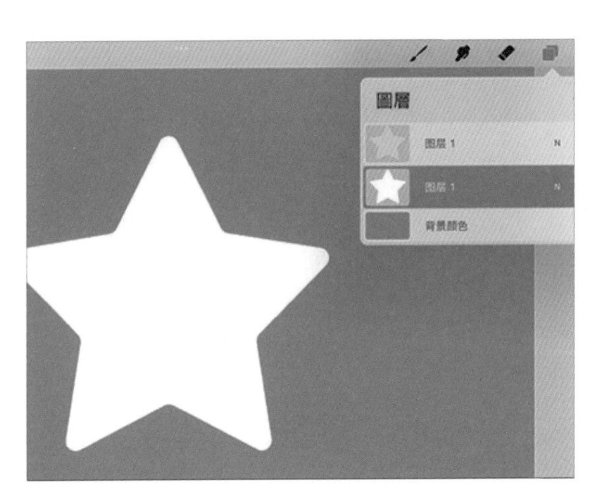

④ 點擊「調整」，選擇「光華」。

⑤ 調整光華數值到合適的大小。

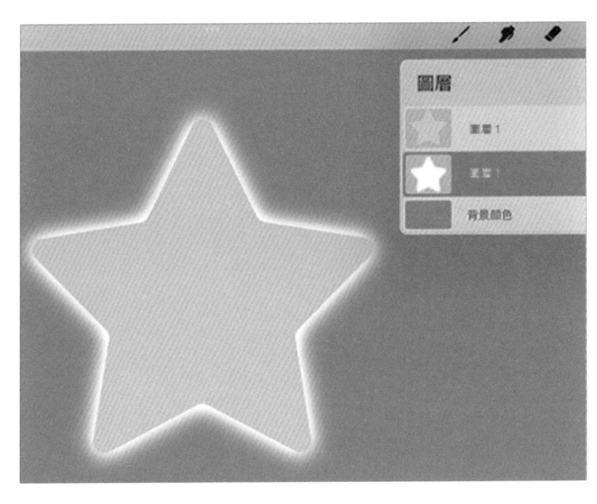

⑥ 將隱藏的原圖層打開，調整下面光華圖層的位置，發光效果就完成了。

效果展示

原圖層下的複製圖層其填滿的顏色不同，發光顏色也會不同。

方法 4：加投影

透過對主體物進行加工使其突出，為主體物加上投影，主體物會更加立體，與其他扁平且沒有投影的元素相比更突出。

① 以月亮為例，複製原圖層，填滿一個較深的顏色並置於其下。

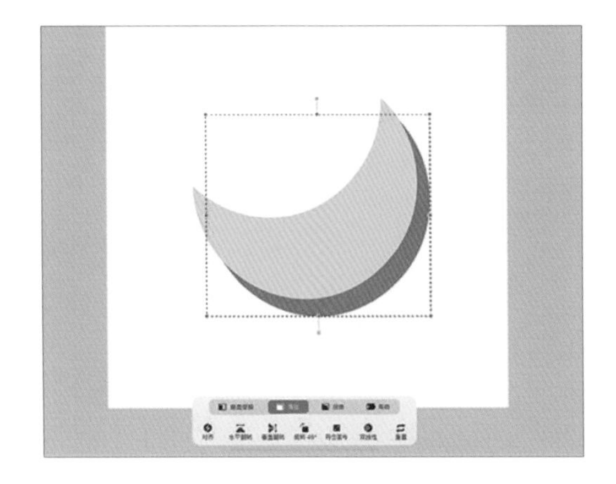

② 移動填滿的圖層到合適的位置。

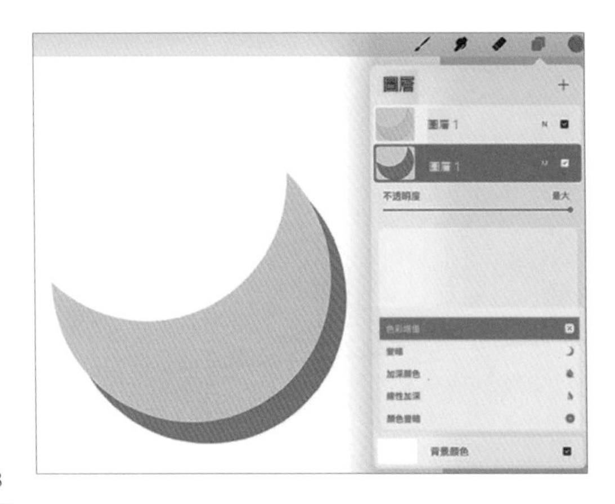

③ 將填滿顏色的圖層模式改為「色彩增值」。

④ 選擇「調整」中的「高斯模糊」（同模糊背景）。

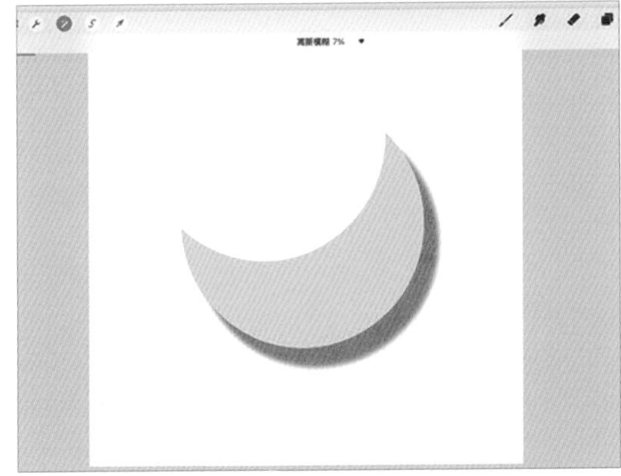

⑤ 調整高斯模糊數值到合適的大小，使投影自然、不生硬。

⑥ 更換背景顏色，使投影效果更明顯。投影的「色彩增值」模式會受到背景顏色的影響。

效果展示

根據物體顏色選擇投影顏色，不一定要使用黑色，因為黑色的投影反而會使畫面顯得生硬。

Lesson
9.6

讓人物眨眼吧

透過「動畫輔助」功能，實現簡單的動畫效果，讓人物看起來更加生動！

動畫輔助功能

編輯方塊右上方的「設定」並按一下每個影格出現的「影格選項」中包含常用的所有操作。

動畫製作

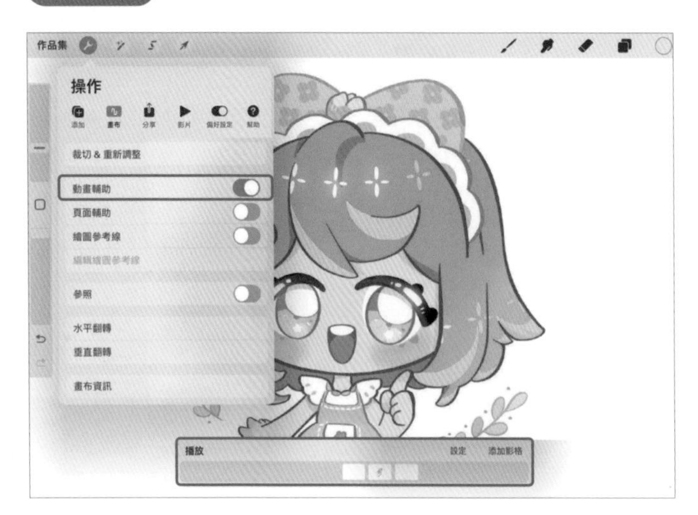

在「操作」→「畫布」中打開「動畫輔助」。

此時介面下方會出現動畫編輯方塊，結合畫面與編輯方塊功能，就可以使畫面動起來。

當檔案沒有圖層群組時，一個圖層為一影格；當檔案有圖層群組時，一個圖層群組為一影格。

「循環播放」、「乒乓」、「單發」表示動畫播放的方式；「每秒影格數」表示動畫播放的快慢；「洋蔥皮數」表示目前畫面前後可以參考的畫面影格數；「洋蔥皮不透明度」表示參考畫面的顏色深淺。

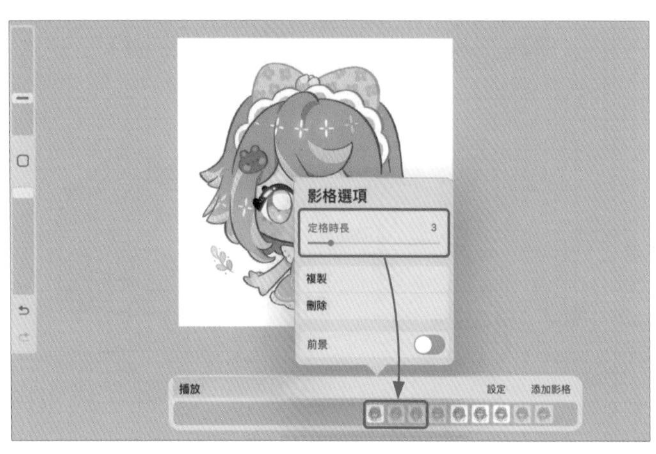

按一下目前的影格會出現「影格選項」，其中「定格時長」表示當前影格停頓的時間，時長越長，停頓越久；「複製」適合用來進行細微調整，不用重畫目前影格。

動畫匯出

通常會選擇「動畫 GIF」格式，將畫面設為動畫圖片；當部分發佈平臺不支援發表的動畫圖片時，也可以透過匯出「動畫 MP4」格式來匯出動畫影片。

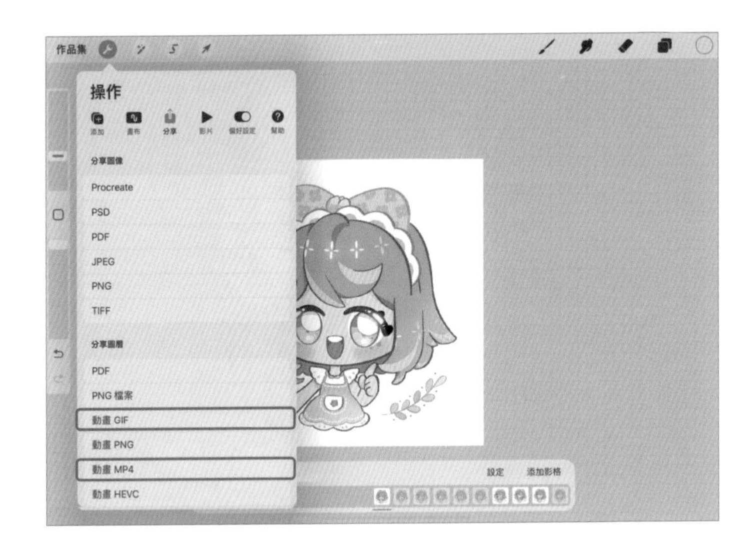

① 透過「操作」→「分享」可以找到「動畫 GIF」和「動畫 MP4」格式。

② 以動畫 GIF 為例，在匯出時還可以調整「每秒影格數」。

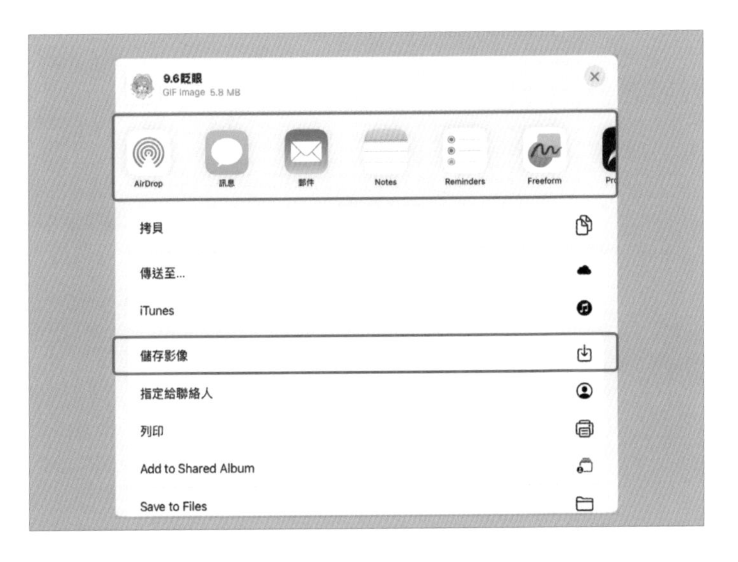

③ 點擊「匯出」後，可選擇「儲存影像」或分享到相關應用軟體。

眨眼小技巧

眨眼動作看似很複雜，其實只需要改動睫毛即可！透過學習眨眼動畫 GIF 的繪製方法，還可以做出如閉眼、眨單眼等延伸動作。

① 畫出一個完整的睜眼畫面。

② 複製影格，重畫睫毛圖層，將其稍微向下壓低，此時眼尾與上一影格重合。

③ 複製影格，重畫睫毛，此時睫毛呈現向下凹的樣子，眼尾與上一影格重合。

④ 第 4 影格，眼睛完全閉合。

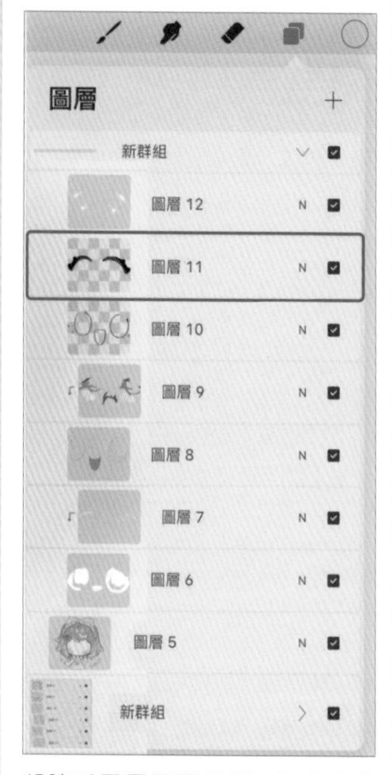

將睫毛圖層單獨分開，每次重畫時，將超過睫毛的其他眼睛部分擦除即可。

眨眼選擇「乒乓」播放模式。

同樣的操作，只改變一邊眼睛的睫毛，就可以做出眨單眼的動作，此時播放模式選擇「循環播放」；同樣地，如果是閉眼動作，播放模式選擇「單發」。

Procreate 小祕訣　動畫素材分層。

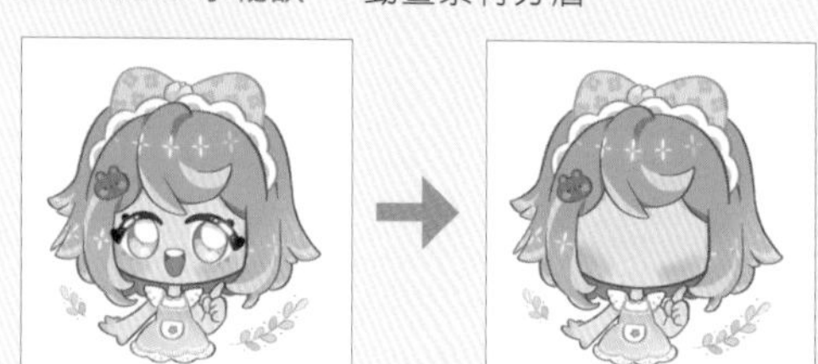

因為只有眼睛需要動起來，所以可以將眼睛與畫面其他部分分開，分別放入不同圖層群組。

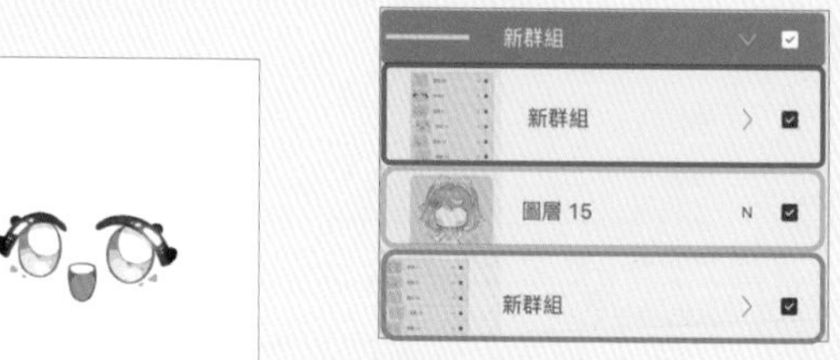

紅框部分為眼睛圖層群組，藍框部分為身體圖層群組，黃框部分為身體圖層群組的複製扁平化圖層。

關於接稿的小祕密

掌握 Procreate 繪畫技能，
不僅可以用來記錄生活點滴，
還可以轉化為收入。

Lesson
10.1

畫面完整才會被看到

作品的完成度是能否脫穎而出的重要標準，也是每一位插畫師接稿時的底線。

畫面完成度

在選擇作品集的畫作時，需確保畫面風格統一和高度完整，切忌使用練習稿，完成度是評斷作品好壞的關鍵標準之一。

勿選入作品集的畫面

這些畫面有的元素過於單一，有的僅是線稿，大量的留白導致畫面完成度不高，或風格不統一造成作品集風格雜亂，沒有主題。

可選入作品集的畫面

能選入作品集的畫面必須要風格統一，不同風格的作品要依照系列排列；使畫面主體物突出，能夠一眼看出作品主題；沒有大量的空白，色彩和元素豐富，且完成度高。

稿費計算

確保作品的完成度後就可以按照畫風、種類接稿，不同的類型稿費不同，可以按照自己的能力、喜好從簡單的稿件著手，累積經驗後再慢慢提升難度。

人物半身、全身涉及人物動態、比例，作畫難度較大，對畫面完成度要求高，稿費相對偏高。可設計 IP 形象、同人誌等，放在 Tasker 出任務或 JaNNN 等平臺。

人物半身

人物頭像

隨著難度向上提升，稿費逐步提高。

人物頭像在整體人像中難度較小，稿費應比小物件稍高。可透過私人約稿賺取稿費。

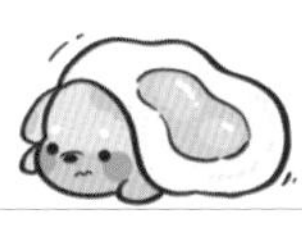

較簡單的是卡通動物、植物、衣食住行中用到的生活飾品之類的小物件，這些小物件通常造型工整、簡單，難度小，稿費相對較低。可放在素材平臺上藉由下載量來賺取稿費。

Procreate 小祕訣　具體稿費計算方法。

私人約稿：

1. 接案者：時間和精力有限，可根據稿件的難易程度、完成時長計算稿費。
   時薪 × 2 × 稿件耗時 = 單一稿件的稿費。

2. 學生：學生一般約稿機會較少，主動權不大，可根據約稿方報價是否符合自己期望再接稿。隨著約稿次數逐漸增多，自身技能加強後可逐步提高稿費。

商業接案：

需要簽訂合約，由客戶方提出稿件需求、確認截止日期和付款日期，根據難易程度、數量規模、修改次數、耗費時長和授權規模等因素計算稿費。如果插畫師自己有一定知名度則稿費較高，大部分插畫師及稿費會依照市場行情價合理決定。

Lesson 10.2

系列作品更出眾

系列作品是指圍繞同一個主題或風格繪製的一套插畫，其風格、形式皆統一，內容上有一定程度的相關。個人主頁如果依照系列規劃，就會更吸引目光。

作品主頁

主頁是展示個人資訊的關鍵，需要給人清晰、一目了然且舒適的觀感，當作品數量較多時，要按照類型、主題、風格劃分成系列，不易出錯，避免雜亂。我們來看看兩位不同插畫師的主頁，分析一下哪位的主頁會更受歡迎。

比較一下這兩位插畫師的主頁，注意力都會被第二位插畫師吸引，這樣的主頁也較能受到發案方的青睞。

作品被「發現」的必備要素：

1. 每張展示出的作品畫面完成度高。
2. 風格統一（如果發佈不同風格的作品，則要按類型劃分好）。

系列劃分

系列作品數量多，展示觀感較好；且同一個主題、素材可以重複多次使用，也更容易受歡迎。這裡為大家提供一些可參考的規劃方式。

六宮格

九宮格

十六宮格表情包

Procreate 小祕訣　分類系列作品的要點：

1. 按照風格、類型、主題劃分。如表情包、人像等同一主題畫為一個系列，Q 萌風格畫為一個系列，其他風格畫為一個系列。
2. 頁面排列要整齊，即便是同系列也不要雜亂地擺在一起。可按照「四宮格」、「九宮格」等方式排列。
3. 系列作品數量不宜過少，最少 3 幅作品為一個系列。

Lesson 10.3

高完成度 Q 萌插畫的誕生

Q 萌插畫雖然造型簡單，但並不代表完成度不高。讓我們來看看創作一幅成熟 Q 萌插畫的流程吧！

動筆前的思考

一幅完整的主題插畫並不是直接從作畫開始的，而是前期經過反覆思考後，確定主題和畫面、收集參考圖。遇到不知道畫什麼主題時，可以按照下面的方法進行構思。

第一步：構建主題

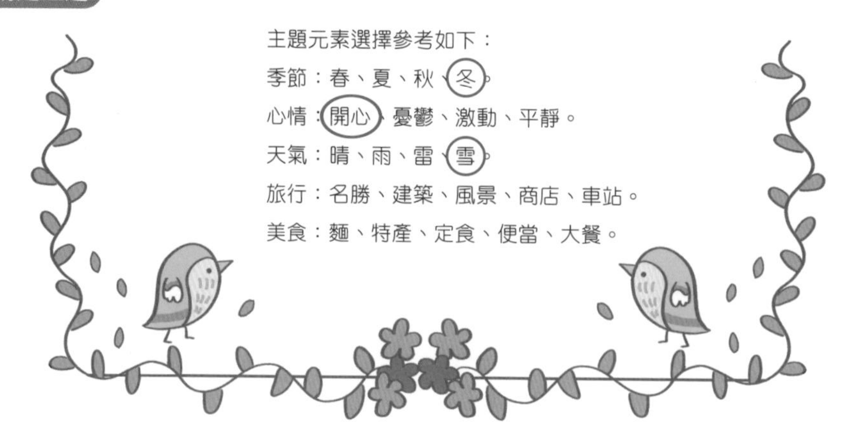

第二步：想像畫面

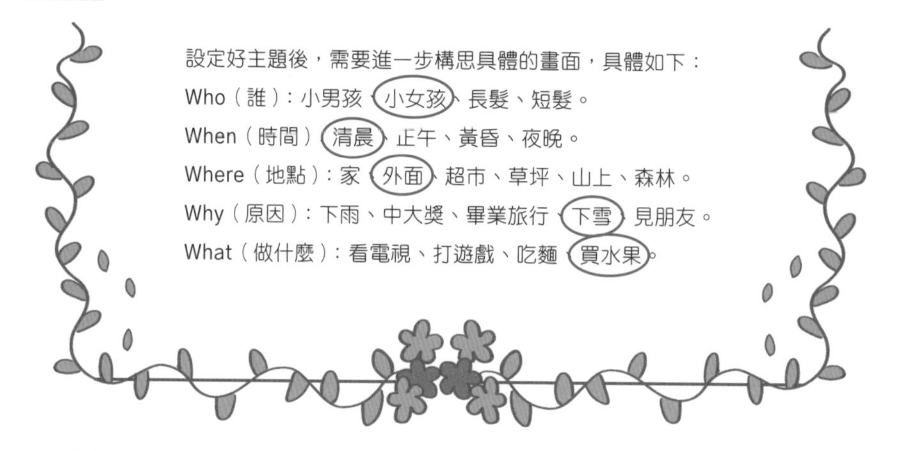

第三步：確定主題

綜合上面圈出的關鍵字，可以確定創作主題，如：小女孩在下雪的清晨，開心地買水果。

第四步：收集參考元素

在網路和生活中找參考圖，參考圖可以多找一些，之後再做篩選。

還可以在畫面中加入一些小巧思，比如買水果遇到打折，所以感到開心，使畫面具有故事感、更完整。

線稿流程

一般先畫線稿再進行上色，確定構圖和草稿後再仔細勾畫出俐落的線條。

第一步：構圖

對稱構圖

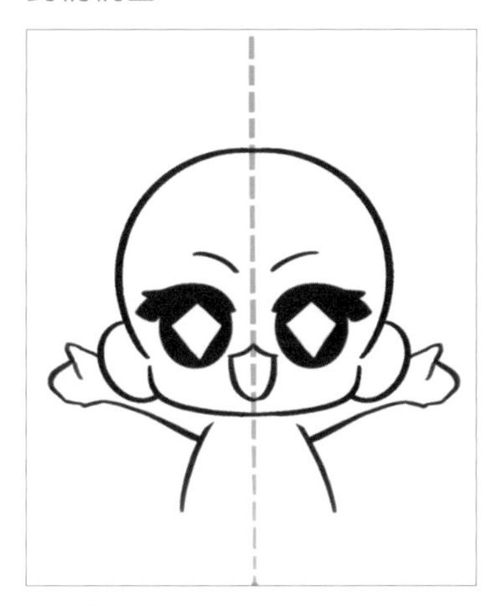

中規中矩，適合正常氛圍。

「S」形構圖

適合將思緒拉向遠方的情況，視線隨物體主次移動，分前後景。

九宮格構圖

視線聚焦在左上、右下，適合特寫。

第二步：草圖

確定好構圖後就開始畫草圖了，草圖可以畫隨意一些，之後再根據畫面調整。

加上雪花

蘋果放在人物手上，突顯主題。

透過雪花元素表現冬天的感覺，蘋果可以放在人物手上與人物產生互動，也可以將蘋果放在背景中當作裝飾物。背景盡量做成平鋪樣式，與主體人物拉開關係，既降低作畫難度，又豐富畫面。

第三步：勾線

勾線不同於草圖，需要勾出乾淨俐落的線條，避免因畫面雜亂而導致後期上色出現麻煩。

在勾線時要按照不同部位分圖層、分組整理好，比如頭部勾線在一個圖層，衣服勾線在另一個圖層，方便後期修改和上色。

上色過程

上色並非一定要一步到位，可先上大致的色調，再一步步區分明暗、細化畫面。

第一步：上底色

確定大色調。

上底色時，通常會在勾線圖層下再新增一個圖層用來上底色，上底色也要按照部位分塊進行，切忌將所有顏色畫在同一個圖層上。

第二步：細化

區分明暗。

鋪好整體大色調後，開始區分明暗，通常會選取一個暗色和一個亮色分別塗在物體暗部和亮部。

第三步：豐富

塑造細節。

根據需求，在物體的暗部添加反光、在亮部添加高光，等使物體更立體、生動。除了進一步塑造細節外，還可加入背景和一些小元素豐富畫面。

第四步：改線

更改邊線顏色。

勾線時為了方便看清楚會用深色勾線，但深色的線可能比較「死板」，不符合Q萌風格。可點開圖層的「阿爾法鎖定」，將適合畫面的顏色塗在之前的線稿上。

第五步：完稿

適當增添一些細節，只做微小的調整，不做過大的更動。

為了使畫面更豐富，可以加一些紋路效果，比如紙張的紋理、質感和閃光、波點、雲朵、花瓣等無實意的元素會使畫面更具活力。還可以加入光影效果，這些簡單的操作能夠使畫面整體更精細。

作畫部分完成後，在發佈之前還要記得加上簽名等資訊，如有需要，還要加上浮水印或者版權資訊。

Procreate 小祕訣　簽名和浮水印資訊設定。

加上簽名資訊是保護自己作品的一種簡單方法。

簽名資訊包括名字和時間，也可以設計簡單的個人 logo，表明作畫人與作品的關係即可。

加上簽名資訊的方式有：將畫面與簽名融合，或將簽名放置在畫面上方、下方，手寫或打字簽名均可，具體方式按照個人習慣選擇。

浮水印是防止作品被盜用的一種簡單、有效的手段，在交稿之前可以先提供壓上浮水印的版本。

浮水印可以是名字或者 logo 圖形，能表明簽名資訊即可。

可將浮水印置於新增的圖層，圖層模式改為「色彩增值」，降低不透明度，平鋪在畫面上。

Lesson 10.4

接稿方向小建議

接稿是插畫變現的方法之一，無論是私人約稿還是商業接案，裡面都有大大的學問。從約稿內容、形式到禮儀態度和溝通技巧都需要一一了解，避免接稿過程中發生各種意外的「小插曲」。

私人約稿累積經驗

新手先以私人約稿入手，最好從簡單的頭像開始，慢慢積累繪畫和接稿經驗再逐步邁向商業接案。私人約稿階段主要以純插畫為主，不做其他擴展。

頭像

頭像稿件需求量大，難度較低，是新手開始接稿的最佳選擇。

胸像

胸像（上半身像）指人物頭部到胸腔位置的人像，可以加上手部動作。需要考慮脖子、頸、肩之間的關係。

立繪

立繪一般用於二次元動漫或遊戲中，難度較大，一般需要畫出人物的展示圖以及正面、側面和背面。雖然稿費可觀，但對插畫師功底和人體比例都有較高要求，以同人誌或真人轉繪居多，作為私人約稿要量力而行。

組合頁

組合頁內容豐富，一般包括人物基礎造型、人物其他動作、服裝展示、配飾元素等。

手機桌布

繪製手機桌布時，要注意畫面與不同尺寸手機的配合度，圖案、文字是否會遮擋住手機的時間等資訊。

商業接案實現價值

成熟的插畫師具備豐富的經驗，會有品牌方主動聯繫。商業接案相較私人約稿要求更高、流程更繁瑣，除了必要的技術能力，插畫師還需要能夠順利將作品與商業結合，使作品商業化，以及自身具有統籌、協調能力。大部分商業接案都需要其他的延伸包裝，並非簡單的一幅畫，如文創、包裝等，不僅要考慮展現插畫畫面，還要考慮在實物上的設計。特別要注意的是，簽署商業稿合約時，署名及版權歸屬一定要約定清楚。

日曆

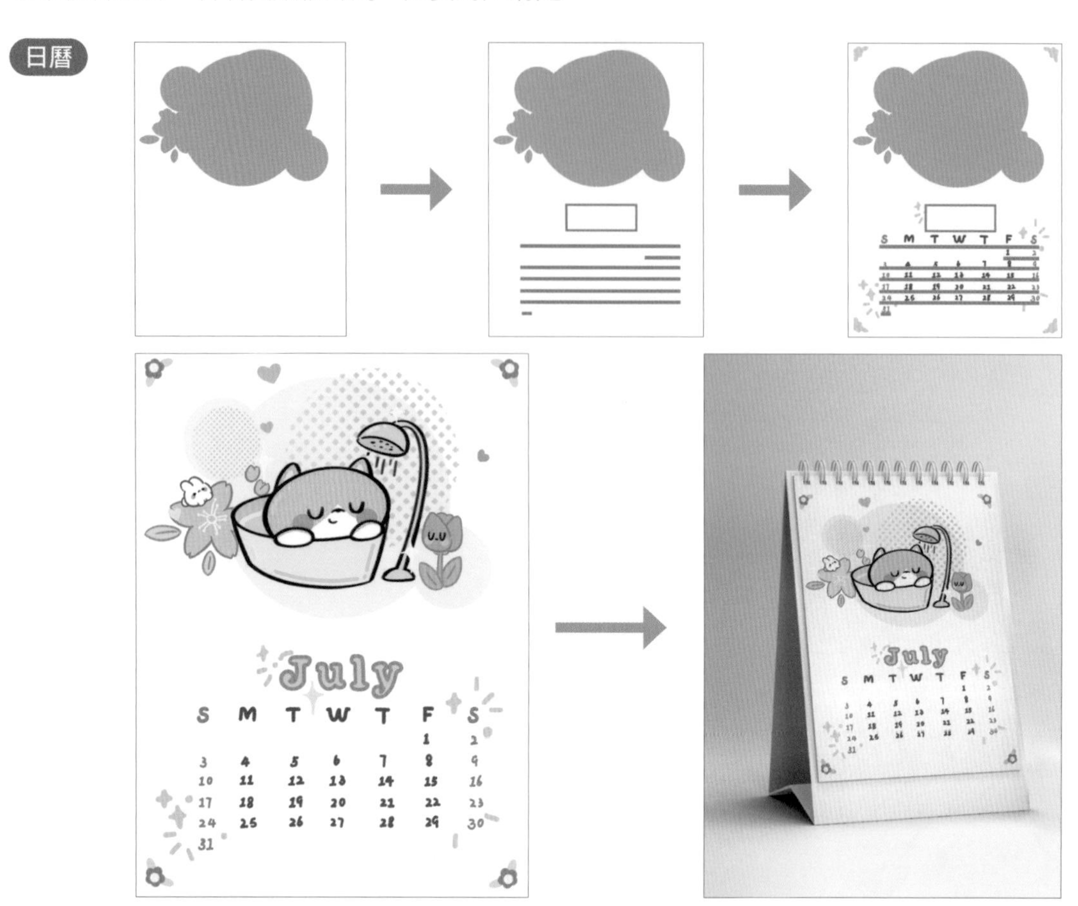

用可愛的插畫裝點日曆，實用性強。加入年、月、日資訊，調整版面配置，添加一些裝飾元素，一頁可愛的日曆就完成了。做日曆時可以按照當月所在的季節或包含的節日畫出對應的圖片，如七月可以畫游泳主題、十二月可以畫聖誕主題、一月可以畫新年主題等。

紙膠帶

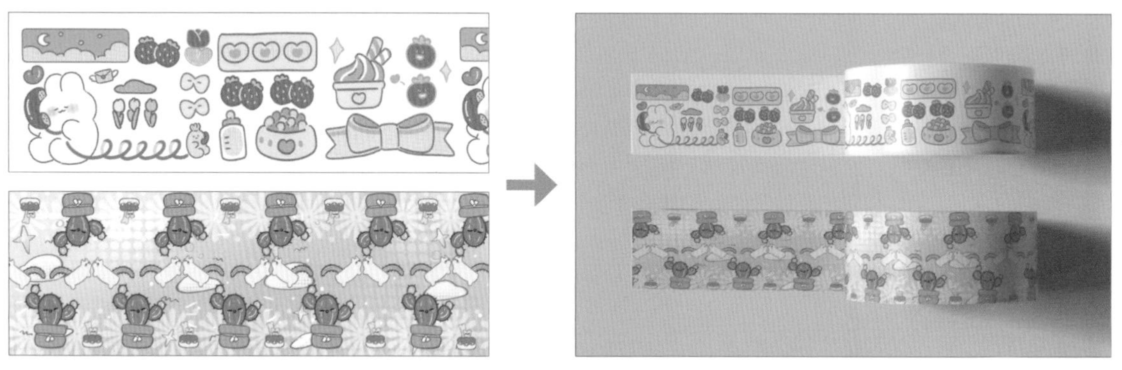

使用花邊形式，二方連續或四方連續等方式設計圖案，形式感強。繪製時注意膠帶尺寸和不同質感紙張的印刷效果。

飛機盒

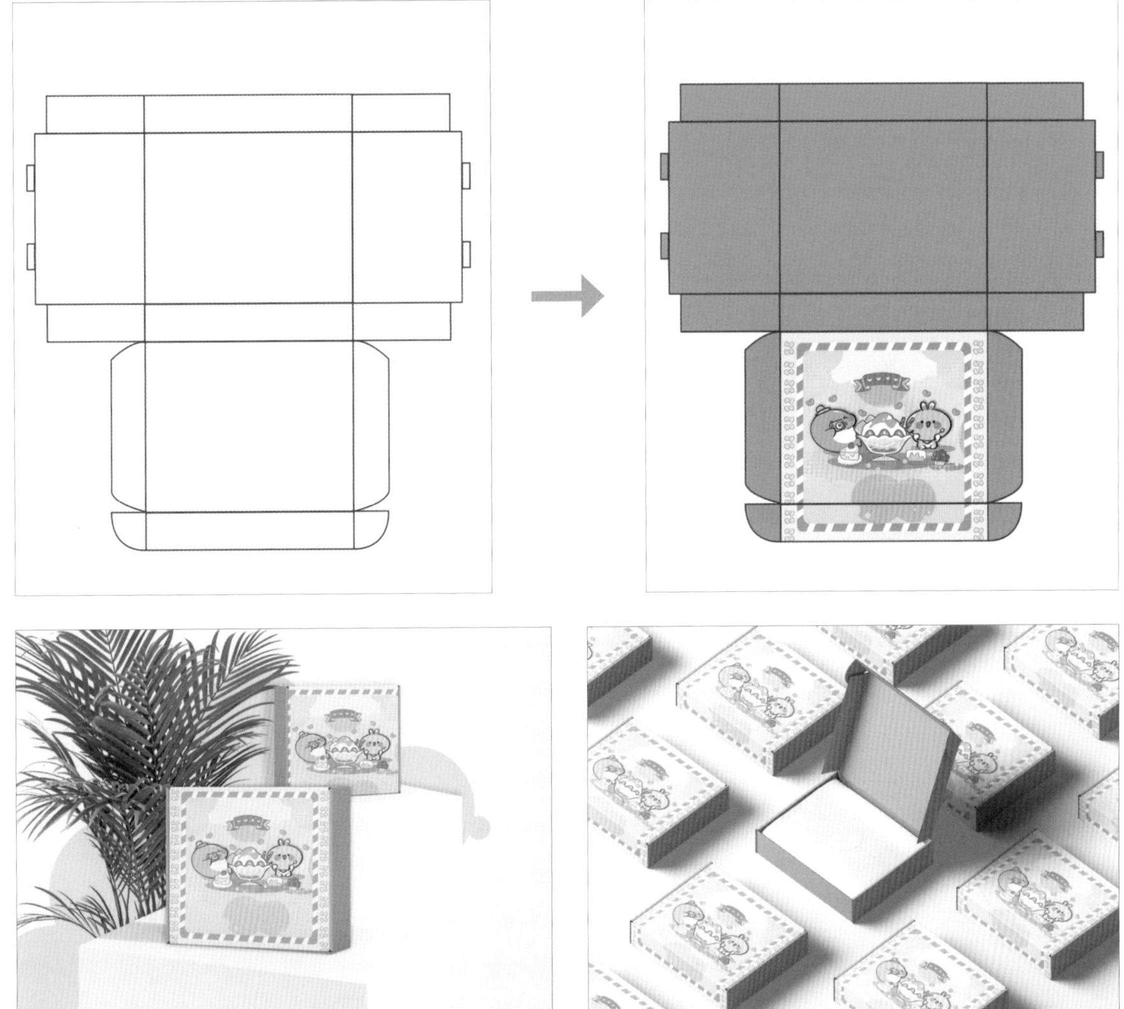

飛機盒用於包裝，插畫師以展開圖為主進行繪製，要考慮展開形式的分佈和整體插畫呈現的效果。還可以在背面、側面添加裝飾元素。商用飛機盒要能夠清晰表達出品牌形象和定位，內容物、條碼等資訊需要統一規格來處理，大批量商業用途還需注意掌控成本。

扇子

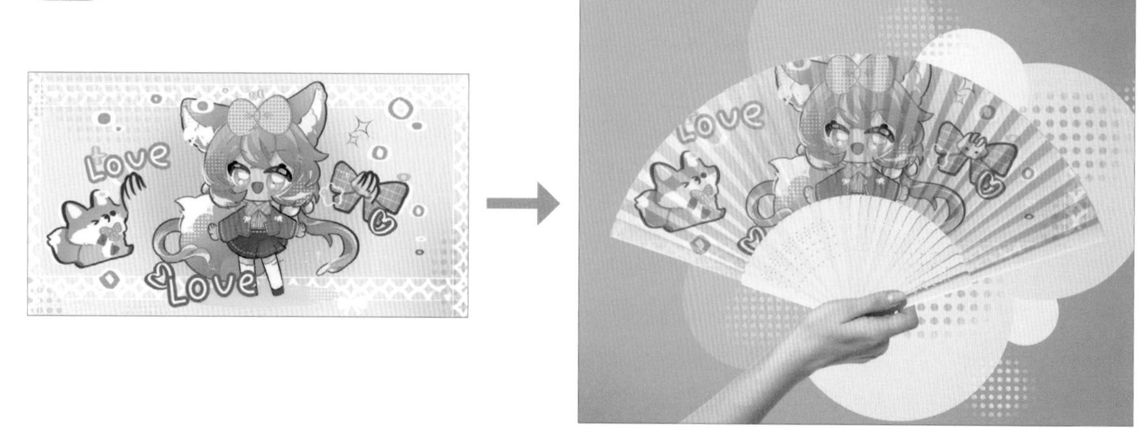

扇子圖案需根據扇面形狀調整，元素可以平鋪排列或將主體物放置在中間。重點是注意計算扇子的尺寸時要算入折疊部分，圓形扇面的扇柄不要遮擋住畫面重點區域。

表情包

表情包可以考慮與一些 IP 聯名或自己打造一個 IP 形象。表情包多用於 LINE 平臺，製作前需仔細查看平臺相關規範標準及注意事項，以免無法通過審核。

貼紙

貼紙多為卡通風格，需要考慮印刷效果，繪製時要注意解析度，避免印刷後呈現模糊。

提袋插畫

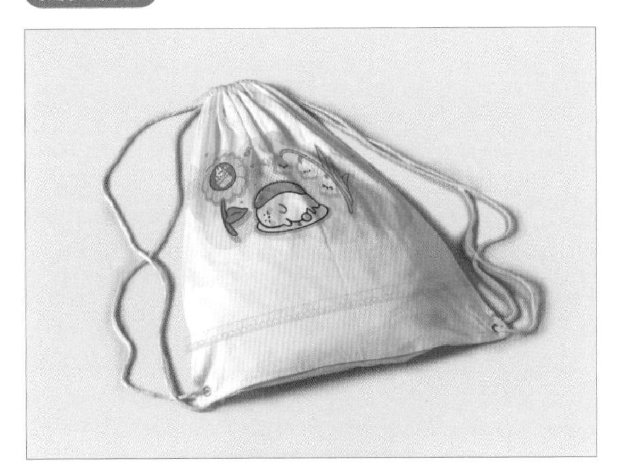

要注意實際用途及圖案創意，如側面有厚度的紙袋則需要考慮展開形式及圖片解析度，不同尺寸的包袋和材質，所需的解析度也不同。此外，還有看板、圖書封面等都可作為插畫師接稿方向！

Procreate 小祕訣　約稿交付的重點流程：

1. 確認畫布尺寸、解析度、預期效果參考，確認繪畫難度，根據難度決定稿費。
2. 確認截稿時間和付款方式、修改次數、交付訂金。
3. 分步提交：草圖→勾線→上色。每個階段都需經過約稿方確定之後再進行下一步。
4. 畫面問題通常要在前期草圖階段解決，以免後期難以修改。完成後先傳送壓上浮水印的圖，約稿方支付尾款後才送出原圖。

各類平臺的運用

除了資深插畫師有自己累積的客戶資源外，作為新手可以透過一些插畫平臺將自己的作品宣傳出去。有不少約稿方會透過平臺主頁尋找合適的插畫師。

授權網站

可以投稿一些如植物、食物等元素作品到素材網站，甚至完成度不必很高。這一類作品主要作為其他插畫師或設計師的素材庫，只要作品被採用即可得到稿費，且能夠重複收取稿費。

如國內外的 Canva、ACworks、Shutterstock、123RF，千圖網、視覺中國等，藉由下載量來賺取稿費，下載量越多則稿費越多。

同人誌

同人誌的受眾方向主要是二次元，一般企業需求的較少。可以去相關論壇、台灣同人誌中心、臉書社團（或中國的豆瓣、bilibili ）等投稿自己的作品，獲得粉絲約稿的機會。

如 illustBuy（或中國的半次元、米畫師等），以動漫類項目為主的平臺。

高完成度插畫展示

完成度高的作品、能作為商業用途的作品可以投稿到較大的平臺上，較容易被約稿方找到。

如 Clibo、CxC 平台（或中國的站酷、塗鴉王國等），以商業項目為主的平臺，會有約稿方主動約稿。

社群平臺

透過社群平臺宣傳作品、累積熱度，可以獲得自己的粉絲和關注度。

各類平臺上插畫師名字要保持一致，以方便宣傳。

如臉書、IG、LINE 等，需靠自己經營來吸引粉絲。

Q 萌繪畫素材

提供多種 Q 萌繪畫素材讓大家參考、臨摹和練習。

Lesson
11.1 花邊素材

花邊素材既可當作邊框，也可作為背景和衣服的裝飾元素。

製作方法

繪製基本元素或從網路上購買喜歡的圖案，配合形狀筆刷就能做出花邊素材，在作畫時能提高效率。

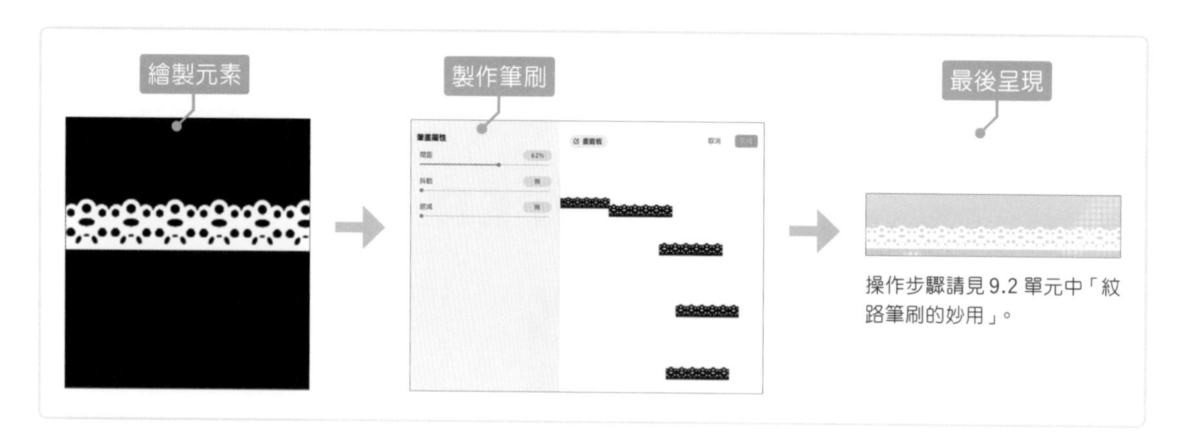

操作步驟請見 9.2 單元中「紋路筆刷的妙用」。

素材展示

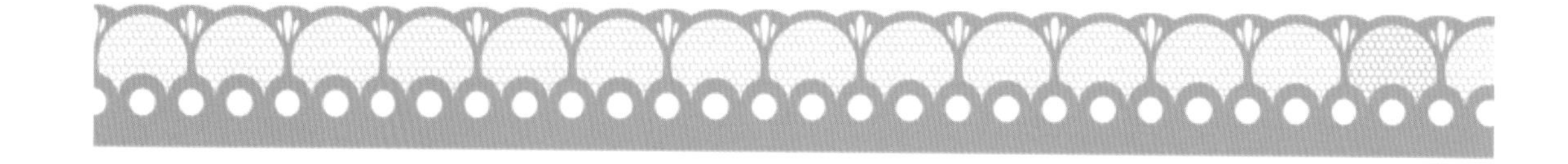

_ □ ×

Lesson
11.2 裝飾素材

豐富畫面的必備素材，適當使用裝飾素材可以使畫作更完整、更亮眼！

手帳素材

利用之前所學的技法可以創作出許多裝飾手帳的素材，並很好地與文字搭配，或裝飾畫面。繪製後儲存成檔案，還可以根據需求來調色，一圖多用。

背景圖案

純色或漸變的背景色加上波點、格子、花邊等元素就可以簡單畫出背景，這種類型的背景圖案非常適合用來突顯主體物。

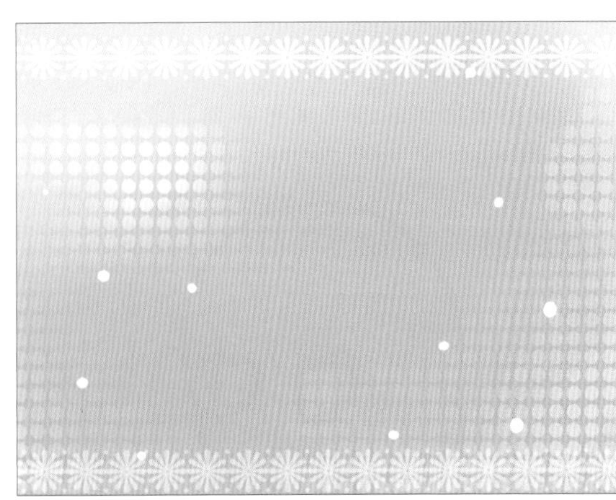

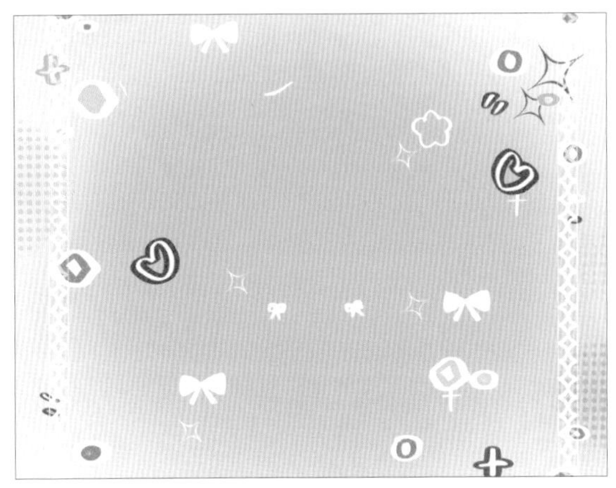

Lesson 11.3 搭配組合素材

將人物和裝飾素材搭配在一起，可組成各種趣味十足的畫面！

單人搭配

裝飾素材可用作人物周圍點綴物、成為人物的一部分或是與人物產生互動。

雙人搭配

雙人搭配能增添畫面的互動性與趣味性。

可愛鑰匙圈

利用之前學習的內容，試著將人物與素材組成的圖案實物化，例如生活中常見的鑰匙圈。